제 2 판

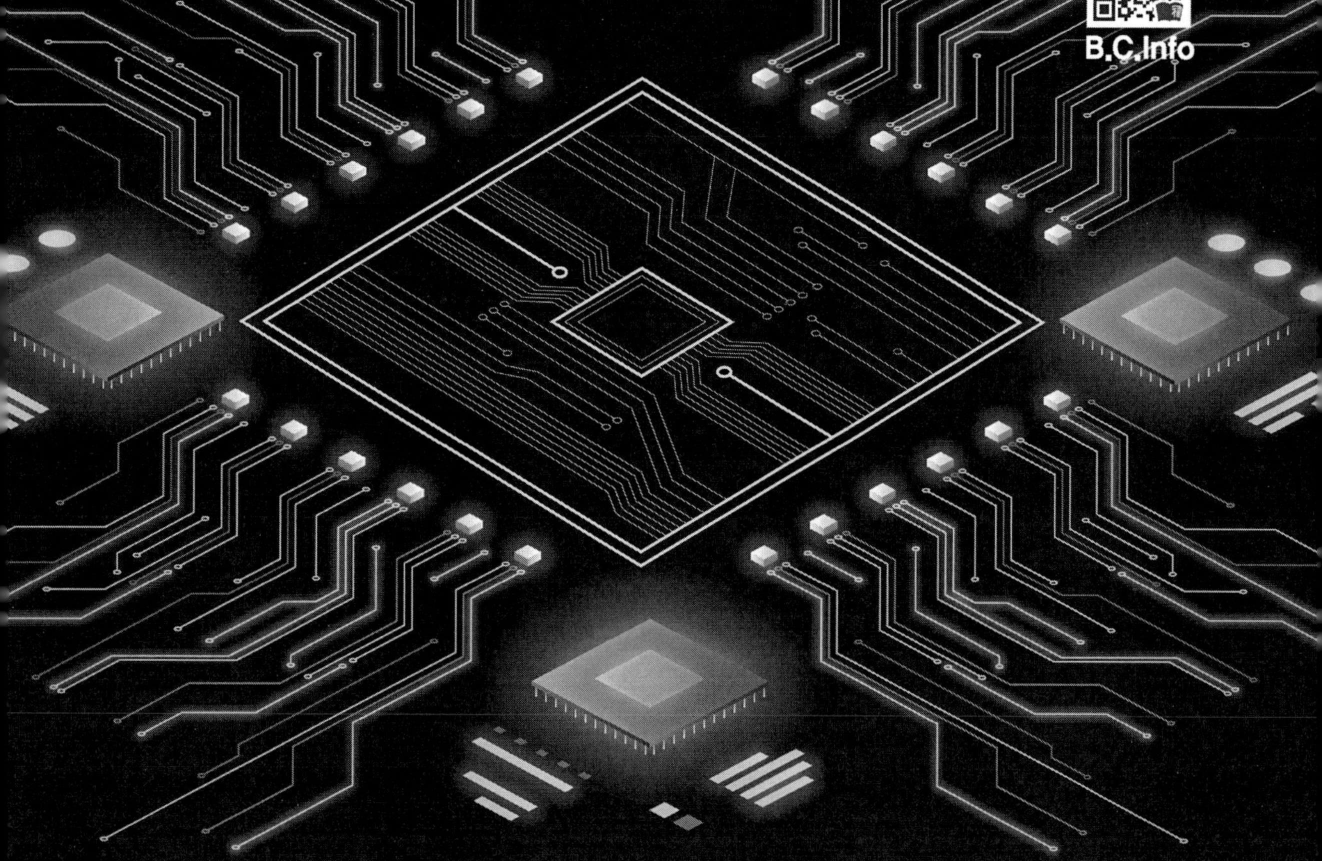

반도체 후공정 기초

허 주 회 저

목 차 PREFACE

1

반도체 패키지의 정의와 역할

1.1 반도체 패키지의 정의

전자패키징 기술은 현대 전자 제품의 핵심인 하드웨어 구조물을 형성하는 핵심 기술 중 하나입니다. 이 구조물은 주로 반도체와 같은 능동소자, 그리고 저항과 캐패시터와 같은 수동소자로 이루어져 있습니다. 이러한 구조물은 전자제품의 기능과 성능을 결정하는 주된 구성 요소로, 그 품질은 전자패키징 기술의 진보에 크게 의존하고 있습니다.

반도체 제조를 크게 두 부문으로 나누어 볼 때, 웨이퍼 표면에 소자를 만드는 부문을 패브리케이션(FAB)이라고 하고, 이를 제품으로 구현하기 위해 필요한 공정을 패키지 공정이라고 합니다. 이 두 공정은 서로 보완적이면서도 밀접한 관련성을 지니고 있습니다. FAB에서는 실리콘 웨이퍼 위에 능동소자를 형성하고, 패키지 공정에서는 이를 완성품으로 조립하고 보호하는 역할을 수행합니다.

일반적으로 패키지 또는 조립 공정은 실리콘 웨이퍼에서 단일 칩으로 나누어진 소자를 모듈로 제작하고 이를 보드에 장착하여 전체 시스템을 형성하는 과정을 말합니다. 이는 전자 제품의 최종 완성 단계로, 제품의 안정성과 성능에 직접적으로 영향을 미치는 핵심 단계입니다.

외부와의 전기적, 기계적 접속을 위해 솔더볼이나 리드가 핀으로 형성된 구조는 현대 반도체 패키지의 가장 일반적인 형태 중 하나입니다. 이러한 형태는 연결성을 높이면서 동시에 제품을 물리적으로 보호하는 역할을 수행합니다. 솔더볼이나 리드의 형태와 배치는 제품의 특성에 따라 다양하게 변형되며, 이는 전자패키징 기술의 다양성과 적응성을 보여줍니다.

전자패키징 기술은 현재의 혁신적인 발전에 그치지 않고, 미래에도 지속적인 도전을 통해 발전할 것으로 예상됩니다. 특히 소형화와 다양한 환경에서의 사용, 높은 성능과 안정성의 동시 충족에 대한 요구가 더욱 증가함에 따라 패키지 기술은 새로운 기술적 도전에 직면할 것으로 보입니다.

전자패키징 기술은 현대 전자 제품을 가능케 하는 핵심 기술 중 하나로서 그 중요성은 더욱 커져가고 있습니다. 고성능, 안정성, 다양성, 소형화 등 다양한 측면에서의 도전과 요구를 충족하기 위해 계속해서 연구와 혁신이 이뤄질 것으로 기대됩니다. 이러한 노력들은 우리의 디지털 시대를 뒷받침하며, 현대 기술의 발전에 중요한 역할을 하고 있습니다.

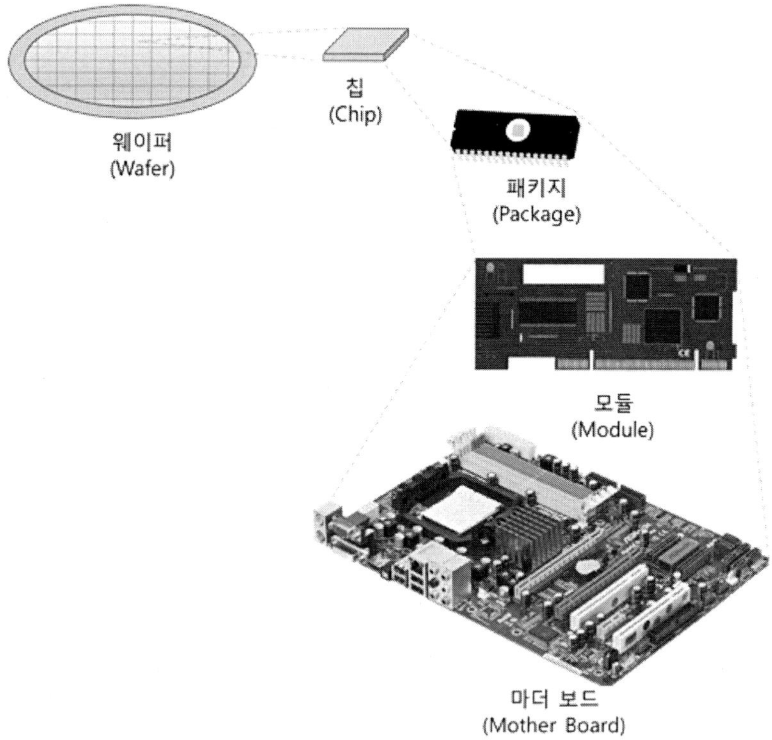

그림 1-1 반도체 조립 과정

1.2 반도체 패키지의 역할

반도체 패키징은 전자 제품의 핵심 부분 중 하나로, 다양한 기능을 수행하며 내용물인 반도체 칩을 안전하게 보호합니다. 이 작은 부품은 전체 제품의 안정성과 성능에 결정적인 영향을 미치며, 그 주요 역할은 기계적 보호, 전기적 연결, 기계적 연결, 열 방출 등으로 구성됩니다.

패키지의 사전적 의미는 포장된 물품으로, 반도체 패키지의 주된 역할은 내용물인 반도체 칩 또는 소자를 외부의 기계적, 화학적 충격으로부터 보호하는 것입니다. 이를 위해 패키지는 튼튼한 재료로 감싸져 있으며, 특히 EMC(에폭시 몰드 컴파운드)와 같은 패키지 재료가 사용되어 내부 칩을 외부 환경으로부터 견고하게 차단합니다.

반도체 칩은 수백 단계의 반도체 제조 공정을 거쳐 만들어지지만, 기본적으로 쉽게 깨질 수 있는 실리콘과 같은 취약한 재료로 만들어져 있습니다. 따라서 패키지는 이러한 내용물을 외부 충격으로부터 보호함으로써 제품의 내구성을 확보합니다.

패키지는 또한 전기적 연결을 중요시하며, 칩과 시스템 간의 전력 공급과 신호 전달을 담당합니다. 전기적으로 칩과 시스템을 연결하여 칩이 원활하게 동작하고 필요한 기능을 수행할 수 있도록 통로를 만들어주고, 칩이 시스템에 잘 부착되고 기계적으로 안정적으로 연결되도록 하는 역할을 합니다. 그리고 반도체 제품이 동작할 때 발생하는 열을 효과적으로 발산시켜 주어야 합니다. 고속 및 고성능 제품에서 발생하는 열은 칩 내부에서 효과적으로 배출되지 않으면 과열로 인한 심각한 문제를 초래할 수 있습니다.

반도체 패키지는 높은 집적도를 가진 제품에서 발생하는 열 문제에 대한 기능이 점점 더 중요해지고 있습니다. 열 방출에 대한 효과적인 기능은 제품의 성능과 수명을 보장하는 데 결정적인 역할을 합니다. 따라서 패키지 기술은 열 방출을 향상시키기 위한 다양한 구조와 재료의 연구 및 개발에 주력하고 있습니다.

총론적으로 반도체 패키징은 작은 크기에도 불구하고 기계적 보호, 전기적 연결, 기계적 연결, 열 방출 등 다양한 역할을 수행하여 전자 제품의 안정성과 성능을 향상시키는 핵심 기술 중 하나로 자리 잡고 있습니다.

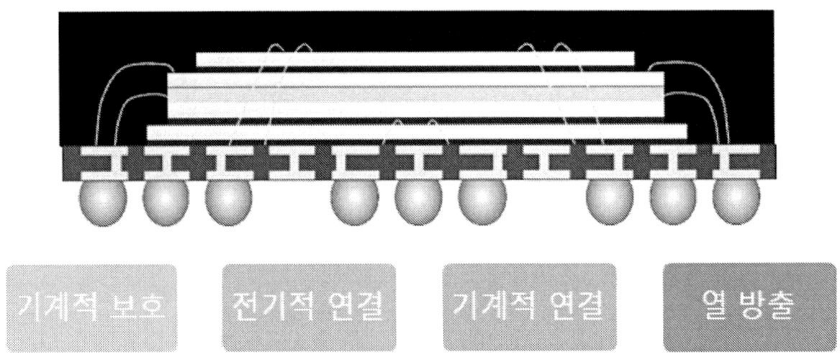

그림 1-2 반도체 패키지의 역할

1.3 반도체 패키지 기술 트렌드

반도체 패키징 기술은 지속적인 혁신과 발전을 통해 제품의 안정성과 성능을 향상시키고 있습니다. 특히 열 방출과 전기적 연결, 그리고 직접 기술의 발전과 소형화에 대한 도전에 대응하기 위한 기술적인 발전이 지속적으로 이루어지고 있습니다.

현대 반도체 패키징 기술은 효과적인 열 방출을 위한 설계와 제작이 중요한 부분으로 강조되고 있습니다. 열전도도가 우수한 재료를 활용하고, 효율적인 열 방출을 위한 구조적 설계가 진행되어 있습니다. 이는 고속 및 고성능 제품에서 발생하는 열 문제를 해결하고, 제품의 안정성을 확보하는 데 기여하고 있습니다.

칩의 속도가 빠를수록 반도체 패키지도 그에 맞게 빠른 속도를 구현할 수 있어야 합니다. 이를 위해 개발된 기술들 중에는 플립 칩 패키지 기술과 실리콘 관통 전극을 이용한 TSV 기술 등이 있습니다. 이러한 기술들은 전자 제품의 고속 동작에 적합한 패키지를 제작하는 데 중요한 역할을 합니다.

최근의 패키징 트렌드 중 하나는 하나의 패키지에 여러 개의 칩을 통합하는 기술입니다. MCP(Multi-Chip Package) 및 SiP(System-in-Package) 기술들은 다양한 기능을 가진 반도체 패키지를 제조하고 있습니다. 이는 제품의 다양성과 성능 향상에 기여하며, 공간을 효율적으로 활용하는 소형화에도 기여합니다.

모바일 및 웨어러블 제품의 확산으로 소형화는 더욱 중요해지고 있습니다. 패키지 크기를 줄이는 기술 개발은 이러한 요구에 부응하기 위한 중요한 과제로 자리매김하고 있습니다. 작고 가벼운 패키지는 제품의 휴대성을 높이고, 소비자에게 더 나은 경험을 제공할 수 있습니다.

반도체 제품은 다양한 환경에서 사용되며, 패키지는 이러한 환경에서의 안정성을 보장해야 합니다. 열대 우림, 극지방, 심해, 심지어는 우주까지 다양한 환경에서 패키지의 역할은 더욱 중요해지고 있으며, 다양한 환경에서도 정상 작동할 수 있도록 패키지 기술은 계속해서 발전하고 있습니다.

최종 제품으로 반도체 패키징은 원하는 기능을 정상 작동시키면서도 제조비용이 저렴한 기술이 필요합니다. 이러한 환경적 변화로 인해 패키지 공정은 단순한 조립 공정을 넘어 팹 공정의 보완 및 변형을 통한 새로운 기능 구현에 중점을 두고 있습니다. 이러한 진화는 패키지의 비용 효율성을 높이고, 더 나은 제품을 만들어가는 데 기여하고 있습니다.

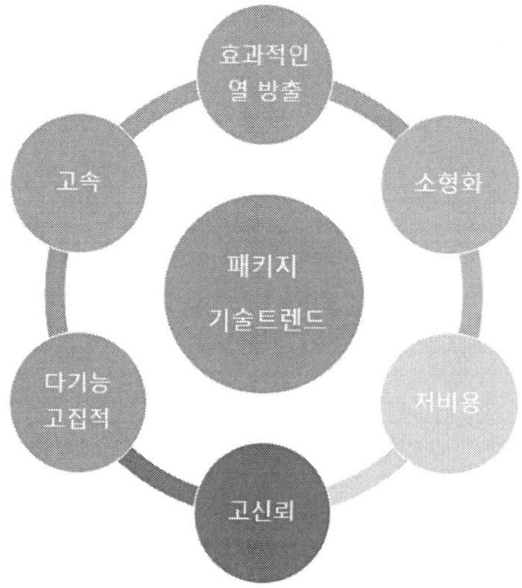

그림 1-3 반도체 패키지 기술 트렌드

2

반도체 패키지의 정의

2.1 반도체 패키지의 분류

반도체 패키징 기술은 기존의 **컨벤셔널 패키지**와 **웨이퍼 레벨 패키지**로 크게 나뉘며, 이들은 각각의 고유한 특징과 장점을 지니고 있습니다. 또한, 재료와 공정의 다양성으로 인해 플라스틱 패키지와 세라믹 패키지 등 다양한 형태로 발전하고 있습니다.

컨벤셔널 패키지는 플라스틱 패키지와 세라믹 패키지로 분류됩니다. 플라스틱 패키지는 다시 잘린 칩들이 부착되어 전기적으로 연결할 수 있는 매개체로, 리드프레임을 사용하는 리드프레임 패키지와 서브스트레이트를 사용하는 서브스트레이트 패키지로 구분됩니다. 이러한 다양한 패키지 형태는 제품의 용도 및 성능에 따라 선택되어 사용됩니다.

웨이퍼 레벨 패키지는 전통적인 패키징 방식과는 다르게 웨이퍼 위에 바로 배선과 솔더볼을 부착하는 팬인 웨이퍼 레벨 패키지와 칩들을 재배열하여 몰딩 웨이퍼 또는 몰딩 패널로 만들어 패키지 크기를 키우고 배선을 형성하는 팬아웃 웨이퍼 레벨 패키지 등으로 분류됩니다.

- **팬인 웨이퍼 레벨 패키지** : 웨이퍼 위에 직접 배선과 솔더볼을 부착하여 패키징하는 방식으로, 칩 크기 내에 부착이 이루어집니다.
- **팬아웃 웨이퍼 레벨 패키지** : 칩들을 재배열하여 패키지 크기를 키우고, 웨이퍼 레벨 공정으로 배선을 형성하고 솔더볼을 부착하는 방식입니다.

이러한 웨이퍼 레벨 패키지는 높은 통합성과 성능을 제공하며, 특히 고밀도 및 고성능 반도체 제품에 적합한 솔루션으로 주목받고 있습니다.

미래에는 더욱 효율적이고 고성능인 패키징 기술이 필요할 것으로 예상됩니다. 패키지의 다양성과 혁신은 더욱 빠르게 진화하고 있으며, 이는 전자 제품의 성능과 안정성에 직접적인 영향을 미치고 있습니다. 미래에는 더 나은 소형화 기술과 환경 대응성을 갖춘 패키징 기술이 개발되어, 다양한 분야에서 혁신적인 제품이 탄생할 것으로 기대됩니다.

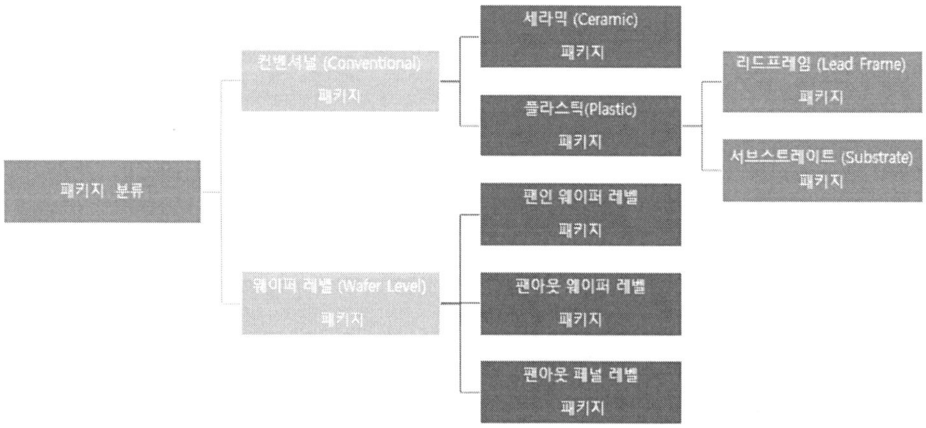

그림 2-1 반도체 패키지의 분류

2.2 컨벤셔널 패키지

[1] 플라스틱-리드프레임 패키지

리드프레임 패키지는 플라스틱 패키지에서 사용되는 일종의 하위 분야로, 금속 리드프레임을 기반으로 한 패키지들을 통칭합니다. 이러한 패키지들은 칩들이 리드프레임 기반 위에 부착되는 형태로, 시스템 기판에 패키지들을 연결하는 핀은 금속 리드프레임을 변형시켜 만들어진 리드입니다.

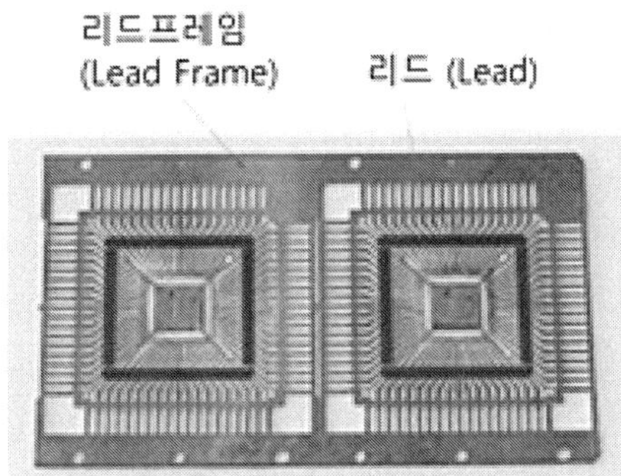

그림 2-2 리드프레임

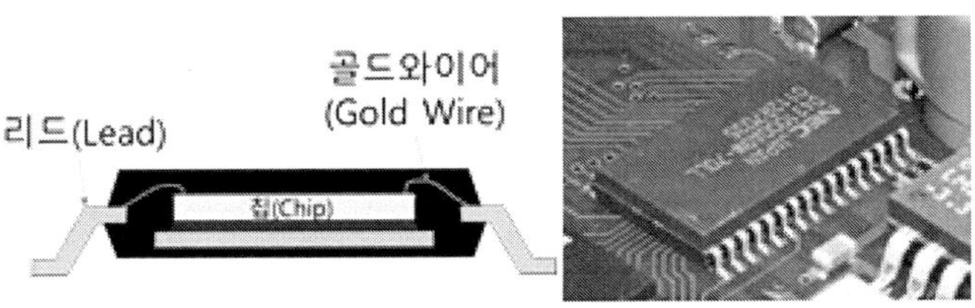

그림 2-3 리드프레임 패키지

리드프레임은 주로 Alloy-42와 같은 금속 소재로 만들어지며, 에칭과 같은 방법을 통해 배선이 구현됩니다. 다양한 금속 중에서는 구리(Cu), 팔라듐(Pd)도 사용되기도 합니다. 리드프레임은 얇은 금속판에 다양한 방법으로 배선이 형성되어 있으며, 이러한 구조는 전기적인 연결을 효과적으로 수행할 수 있도록 합니다.

1970년대에는 PCB의 구멍에 삽입하는 형태의 관통홀이 많이 사용되었으나, 핀의 수가 늘어나고 PCB의 디자인이 복잡해지면서 표면 실장형 형태인 TSOP, QFP, SOJ 등이 개발되었습니다. 특히 로직-칩과 같이 I/O 핀이 많이 필요한 제품의 경우 QFP와 같이 4면에 리드가 형성된 패키지가 적용되었습니다.

최근에는 제품의 고속 특성이 중요해지면서 회로 설계를 다층으로 할 수 있는 서브스트레이트 패키지가 더 많이 사용되고 있습니다. 그러나 여전히 TSOP와 같은 리드프레임 패키지는 저렴한 비용으로 생산할 수 있어 사용이 이어지고 있습니다.

리드프레임은 스탬핑이나 에칭과 같은 방법으로 금속판에 배선을 만들어내기 때문에 제조과정이 서브스트레이트보다는 비교적 간단합니다. 이로 인해 제조비용이 낮아서 저렴한 가격으로 생산할 수 있습니다. 고속의 전기적인 특성이 요구되지 않는 반도체 제품은 아직도 리드프레임 패키지를 선호하며, 특히 비용 감소와 안정성 확보 측면에서 주목받고 있습니다.

리드프레임 패키지는 여전히 다양한 산업 분야에서 사용되며, 이러한 패키지의 경제성은 반도체 제품의 다양한 니즈에 부응하고 있습니다.

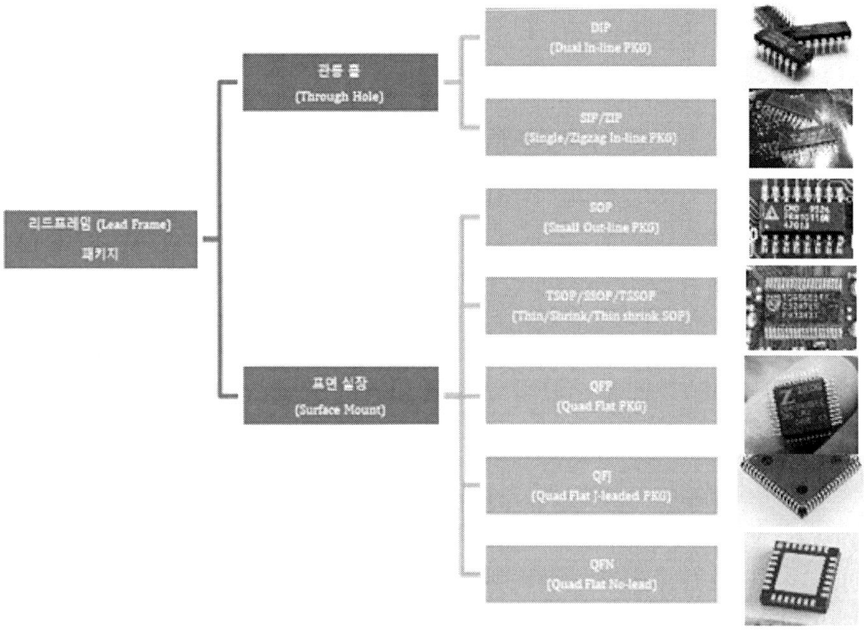

그림 2-4 리드프레임 패키지 종류

[2] 플라스틱-서브스트레이트 패키지

서브스트레이트 패키지는 반도체 제품의 패키징 기술에서 혁신적인 발전을 이룬 기술로, 서브스트레이트를 활용하여 다층의 회로를 구성함으로써 전기적 특성을 향상시키고 동시에 패키지 크기를 더욱 작게 만들 수 있는 탁월한 기술을 제공합니다. 이는 전통적인 리드프레임 패키지와는 차별화된 접근 방식으로, 다층의 금속 층을 형성하여 배선이 교차되거나 전기적 특성을 향상시킬 수 있게 해줍니다.

리드프레임 패키지는 금속판으로 만들어져 2개 이상의 금속 층을 형성할 수 없는 데 반해, 서브스트레이트 패키지는 제조 시에 원하는 만큼의 금속 층 수를 형성할 수 있습니다. 이는 1층, 2층, 3층, 4층 등 다양한 층 수의 금속을 만들어 배선이 교차되어야 할 경우 설계의 유연성을 제공합니다. 더불어 전기 특성을 향상시키기 위한 접지 역할을 하는 금속 층을 추가로 형성할 수 있어 최적의 회로 구성이 가능합니다.

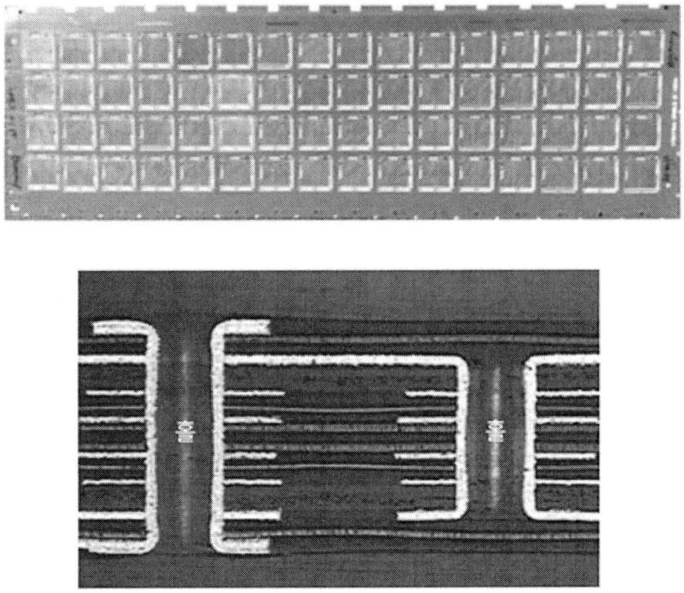

그림 2-5 서브스트레이트 정면과 단면

서브스트레이트 패키지는 솔더볼을 배열 형태로 형성하여 많은 수의 핀 형성이 가능합니다. 이는 패키지의 바닥면에 솔더볼을 형성시켜 패키지와 시스템의 전기적 연결 통로를 구성하는 방식으로, 다양한 핀의 형태를 지원함으로써 전기적 특성을 더욱 향상시킬 수 있습니다. 이러한 특성으로 서브스트레이트 패키지는 다양한 반도체 제품에서 채택되고 있습니다.

서브스트레이트 패키지의 가장 일반적인 형태는 BGA로, 패키지 서브스트레이트의 바닥면에 솔더볼을 형성시켜 전기적 연결 통로를 만들고 구조적으로 패키지를 시스템에 붙이게 됩니다. 최근에는 솔더볼을 사용하지 않는 LGA 형태의 패키지도 늘어나고 있습니다. LGA는 패키지가 실장될 PCB 기판에 솔더 페이스트를 발라 녹여 붙여 패키지와 PCB를 전기적, 기계적으로 연결합니다. LGA는 패키지에 솔더볼 없이 랜드(패드)만 배열되어 있어 Land Grid Array의 약자로 LGA라고 불립니다.

서브스트레이트 패키지는 뛰어난 전기적 특성과 다양한 디자인 옵션 덕분에 현재의 반도체 산업에서 매우 중요한 위치를 차지하고 있습니다. 앞으로의 기술 발전과 연구를 통해 더욱 고도화된 서브스트레이트 패키지 기술이 나올 것으로 기대됩니다. 이러한 노력들은 더 높은 성능과 효율을 갖춘 반도체 제품을 만드는 데 기여할 것으로 예측되며, 이는 다양한 응용 분야에서 혁신을 이끌어낼 것입니다.

그림 2-6 서브스트레이트 패키지 종류

2.3 웨이퍼 레벨 패키지

[1] 팬인 웨이퍼 레벨 패키지

웨이퍼 레벨 패키지는 현대 반도체 산업에서의 핵심 기술 중 하나로, 패키지 공정을 웨이퍼 레벨에서 진행하는 혁신적인 패키징 기술입니다. 이러한 패키지는 전통적인 칩 패키징 방식과는 다르게 웨이퍼 레벨에서 전체 패키징 공정을 수행하며, 대표적인 예로는 **웨이퍼 레벨 칩 스케일 패키지**(WLCSP; Wafer Level Chip Scale Package)가 있습니다.

웨이퍼 레벨 칩 스케일 패키지는 팬인 WLCSP와 팬아웃 WLCSP로 크게 나뉘며, 각각의 패키지 유형은 고유한 특징과 장단점을 가지고 있습니다. 팬인 WLCSP는 웨이퍼 위에 직접 패키지용 배선, 절연층, 솔더볼을 형성하여 패키징되는 형태를 갖추고 있습니다. 이러한 패키지는 칩의 크기와 패키지의 크기가 동일하므로 가장 작은 크기의 패키지를 구현할 수 있습니다.

또한 팬인 WLCSP는 서브스트레이트와 같은 매개체를 사용하지 않아 솔더볼이 직접 칩 위에 부착되어 전기적 전달 경로가 짧아져 전기적인 특성이 향상됩니다. 이는 높은 성능의 칩을 유지하면서 전력 소모를 최소화하는 데 기여합니다. 반대로, 이러한 형태로 패키징된 칩은 물리적 · 화학적 충격에 상대적으로 약하며, 패키지 내의 볼 배열이 칩 크기보다 큰 경우 솔더볼 배열을 만들기 어려워 제한된 수의 솔더볼을 형성할 수 있는 단점을 갖고 있습니다.

물론, 팬인 WLCSP가 가진 여러 단점으로 인해 모든 분야에서 널리 사용되기 어려운 한계가 있습니다. 그러나 웨이퍼당 칩 수, 즉 넷 다이 수가 많은 반도체 제품의 경우 공정비용의 이점을 고려하여 팬인 WLCSP가 많이 활용되고 있습니다. 특히, 작고 복잡한 칩을 가진 제품에 적합하며 고밀도 반도체 제품의 생산 효율성을 극대화할 수 있는 이점을 제공합니다.

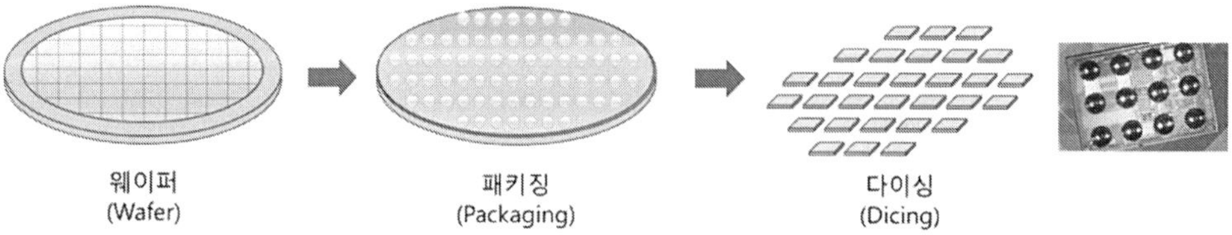

그림 2-7 팬인 웨이퍼 레벨 패키지 공정 개념도

[2] 팬아웃 웨이퍼 레벨 패키지

팬아웃 웨이퍼 레벨 패키지는 반도체 산업에서 혁신적으로 등장한 기술로, 기존의 팬인 웨이퍼 레벨 패키지의 한계를 극복하고 다양한 혜택을 제공하고 있습니다. 이 기술은 칩의 크기와 패키지의 크기를 동일하게 유지하는 팬인 웨이퍼 레벨 패키지와는 달리, 칩과 패키지의 크기를 다르게 조절함으로써 여러 가지 이점을 창출합니다.

먼저, '팬인'과 '팬아웃'이라는 용어는 이 기술에서 유래되었습니다. '팬'은 칩의 크기를 나타내는데, 팬인 웨이퍼 레벨 패키지는 이러한 팬 안에 솔더볼이 모두 구현되어 있습니다. 반면에, 팬아웃 웨이퍼 레벨 패키지는 솔더볼이 팬 안뿐만 아니라 팬 밖에도 구현되어 있습니다. 이렇게 솔더볼이 팬 안 또는 팬 밖에 구현되는 차이가 두 기술의 핵심적인 차이점 중 하나입니다.

기존의 팬인 WLCSP(Wafer Level Chip Scale Package)는 웨이퍼를 공정 중간에 자르지 않고, 패키지 공정이 완료된 후에 웨이퍼를 자르는 방식으로 제조되었습니다. 이에 비해 팬아웃 WLCSP는 패키지 공정 이전에 웨이퍼를 먼저 자르고, 잘려진 칩들을 캐리어에 재배열하여 칩 사이에 EMC(Epoxy Molding Compound)를 채워 웨이퍼 형태를 만든 다음, 웨이퍼 레벨 공정을 진행한 후 마지막으로 패키지를 절단하여 개별 패키지를 완성합니다.

이러한 제조 방식의 변경으로 인해 팬아웃 WLCSP는 몇 가지 이점을 얻게 되었는데, 전기적인 특성이 우수한 팬인 WLCSP의 장점은 그대로 유지되면서도 외부 충격에 대한 취약성이나 솔더볼 배열의 수 제한, 불량 칩을 포함한 패키징의 어려움 등의 단점을 극복할 수 있게 되었습니다.

외부 충격에 대한 취약성을 극복하기 위해서는 솔더볼의 배열이 팬 안뿐만 아니라 팬 밖에도 이루어져야 합니다. 이것은 팬아웃 WLCSP의 핵심 기술 중 하나로, 솔더볼의 배치가 더 다양해지면서 외부 충격에 대한 강건성이 증가하게 되었습니다.

또한 솔더볼 배열의 수 제한 문제도 팬아웃 WLCSP에서는 해결되었습니다. 팬아웃 WLCSP는 더 많은 솔더볼을 사용할 수 있도록 팬인과 팬아웃을 조절함으로써 칩의 복잡성을 증가시킬 수 있습니다. 이는 더 높은 칩의 성능을 유지하면서도 패키징의 유연성을 확보할 수 있는 중요한 혜택으로 작용합니다.

마지막으로, 불량 칩을 포함한 패키징의 어려움 또한 팬아웃 WLCSP에서는 해소되었습니다. 팬아웃 WLCSP는 패키지를 생성하기 전에 웨이퍼를 이미 자르고 배열한 상태로 처리하므로, 불량 칩이 발생한 경우 해당 칩만을 대체할 수 있어 높은 생산 효율을 달성할 수 있습니다. 이처럼 팬아웃 웨이퍼 레벨 패키지는 기존의 팬인 웨이퍼 레벨 패키지의 한계를 극복하면서 전기적 성능을 유지하고 생산 효율을 향상시키는 혁신적인 기술로 주목받고 있습니다. 이는 반도체 산업에서 더욱 진보된 제품을 개발하고 생산하는 데 중요한 역할을 하고 있으며, 향후 더 많은 발전과 응용이 기대됩니다.

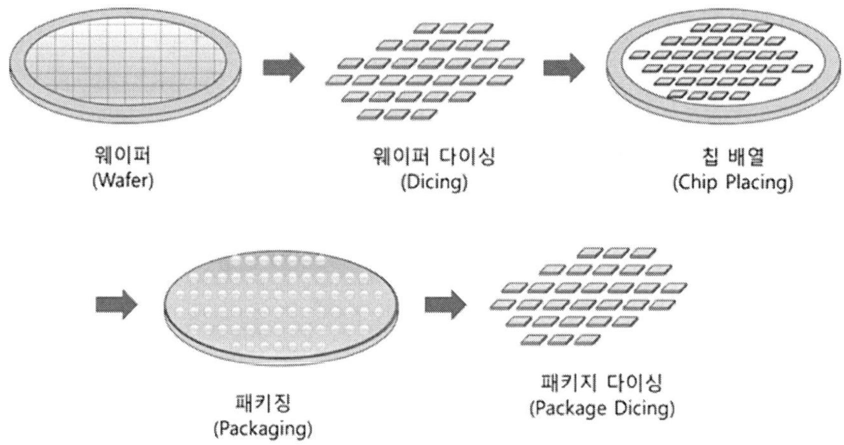

그림 2-8 팬아웃 웨이퍼 레벨 패키지 공정 개념도

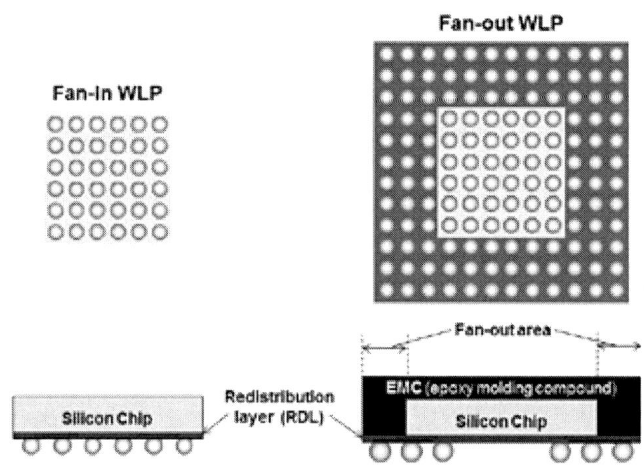

그림 2-9 팬인 웨이퍼 레벨 패키지와 팬아웃 웨이퍼 레벨 패키지 비교

2.4 반도체 패키지 구성 요소

반도체 패키징은 현대 전자 제품의 핵심 부품 중 하나로, 칩을 자연적 · 화학적 · 열적 환경으로부터 보호하고 효율적인 전기적 특성 요구를 충족시키며, 높은 열방출 기능을 제공하는 등 고신뢰성이 요구되고 있습니다. 이에 따라 반도체 패키지에 사용되는 재료는 다양한 과학적 · 공학적 요소를 고려하여 구성되어 있습니다. 주로 사용되는 재료는 유기물 복합재료와 금속재료로 분류됩니다.

반도체 패키징의 핵심 구성 요소는 다수의 세부 부품들이 조합되어 있습니다. 먼저, 미세전자 회로가 직접 구현된 반도체 칩은 핵심적인 부분으로, 이 칩을 실장하기 위한 서브스트레이트가 필요합니다. 서브스트레이트는 반도체 칩의 기반이 되며, 칩을 안정적으로 고정하고 전기적으로 연결하는 역할을 합니다.

반도체 칩과 서브스트레이트 사이의 전기적 연결은 금속선과 범프(Bump)를 통해 이루어집니다. 금속선은 미세한 전선으로, 칩과 서브스트레이트 간의 전기 신호 전달을 담당하며, 범프는 전기적으로 연결된 부분을 물리적으로 지지하는 작은 구조물입니다. 이들은 전자의 움직임을 원활하게 하여 전기적 특성을 향상시키는 역할을 합니다.

또한 PCB(Printed Circuit Board)와 같은 기판과 PCB 사이를 전기적으로 연결하기 위해 솔더볼이 사용됩니다. **솔더볼**은 납과 같은 솔더로 만들어진 작은 구형 구조물로, 전기적 연결을 위해 사용됩니다. 이는 반도체 패키지 전체의 전기적 안정성을 확보하는 데 기여합니다.

끝으로, 반도체 칩의 보호와 제품 최종 성형을 위해 EMC(Epoxy Molding Compound)가 사용됩니다. EMC는 칩을 둘러싸고 보호하는 역할을 하며 동시에 제품의 최종 형태를 결정합니다. 이러한 재료는 자외선, 습기, 화학물질 등으로부터 칩을 보호하고, 물리적 충격에 대한 내구성을 향상시킵니다.

반도체 패키지의 재료는 다양한 역할과 기능을 수행하며, 현대 전자 제품의 높은 신뢰성과 성능 향상을 위해 지속적인 연구와 기술 개발이 이루어지고 있습니다. 새로운 소재와 기술의 도입으로 더 나은 반도체 패키징이 이뤄질 것으로 기대되며, 이는 다양한 산업 분야에서 혁신적인 전자 제품의 등장을 이끌 것으로 기대됩니다.

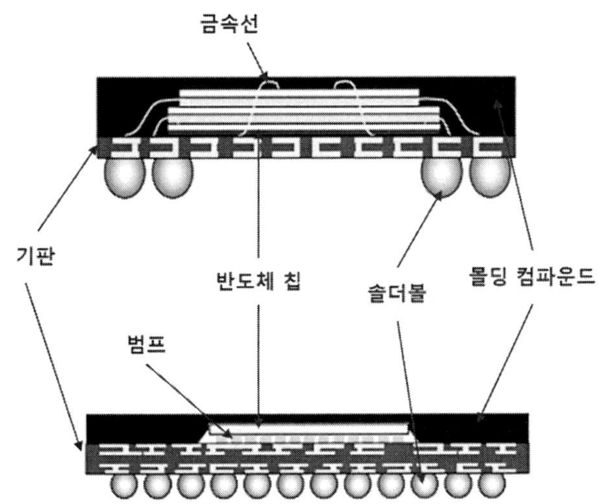

그림 2-10 패키지 구성 요소

3

반도체 패키지 제조공정

3.1 웨이퍼 백 그라인딩

웨이퍼 백 그라인딩은 반도체 제조 과정에서 중요한 단계 중 하나로, 웨이퍼의 뒷면에 존재하는 불필요한 막을 얇게 갈아내는 공정을 의미합니다. 이 과정에서는 다이아몬드 입자가 부착된 특수한 휠을 사용하여 연삭 가공이 이루어지는데, 이는 웨이퍼의 뒷면을 정밀하게 절삭하여 다양한 특성을 개선하는 데 사용됩니다. 다이아몬드 입자의 크기와 연삭 가공 조건은 웨이퍼의 표면 상태와 두께에 큰 영향을 미치게 되어 있습니다.

이제 웨이퍼 백 그라인딩의 목적을 자세히 알아보겠습니다. 첫 번째로, 웨이퍼의 뒷면이 필요 이상으로 두껍다면 이를 깎아내어 전기 저항을 줄이고 열전도율을 향상시키는 것이 주 목적입니다. 웨이퍼의 두께를 최적화함으로써 전기적, 열적 특성이 개선되어 반도체의 전력 소모를 줄이고 소자의 작동 속도를 향상시킬 수 있습니다.

두 번째로, 웨이퍼 백 그라인딩은 각종 전자기기의 소형화, 박형화, 경량화를 위한 중요한 기술입니다. 현대 전자 기기의 트렌드는 점차 더 작고 가볍고 얇아지는 방향으로 흘러가고 있으며, 이에 따라 반도체 패키지는 더 고밀도로 소형화되어야 합니다. 웨이퍼 백 그라인딩을 통해 웨이퍼의 두께를 줄이면 이러한 요구사항을 충족시키는 데 큰 기여를 합니다.

세 번째로, 반도체 패키지 내부의 상부와 하부 캐비티(Cavity) 간의 균형을 유지하는 것이 중요합니다. 패키지 내부의 부품들은 균등하게 배치되어야 하며, 이를 위해 캐비티 간의 높이 차이를 최소화해야 합니다. 웨이퍼 백 그라인딩은 웨이퍼의 뒷면을 고르게 연삭함으로써 이러한 균형을 유지하는 데 기여하며, 이는 패키지의 구조적 안정성에 도움이 됩니다.

마지막으로, 와이어 본딩 공정에서 와이어 루프 높이(Wire Loop Height)를 제어하는 데 있어 웨이퍼 백 그라인딩은 중요한 역할을 합니다. 와이어 본딩은 반도체 패키지 내의 다양한 부품을 연결하는 과정으로, 와이어 루프의 높이는 전기 신호의 전달에 영향을 미칩니다. 따라서 웨이퍼의 뒷면이 고르게 연삭되어야 와이어 루프 높이를 일정하게 유지할 수 있으며, 이는 반도체의 성능을 향상시키는 데 도움이 됩니다.

웨이퍼 백 그라인딩 공정은 웨이퍼 수입 검사, 보호 테이프 라미네이션, 웨이퍼 백 그라인딩, 웨이퍼 마운팅, 그리고 디테이프의 다섯 단계로 진행되며, 각각의 단계는 반도체 제조에서 특히 중요한 역할을 수행합니다.

[1] 웨이퍼 백 그라인딩 공정 순서

첫 번째로 진행되는 **웨이퍼 수입 검사**는 웨이퍼의 품질을 평가하는 단계입니다. 이 과정에서는 웨이퍼의 수량, 직경, 두께 등을 점검하며, 웨이퍼의 파손 여부나 표면 오염, 금 또는 은 도금 여부 등을 확인합니다. 이를 통해 웨이퍼의 기본 상태를 파악하고 향후 공정에서의 문제를 예방할 수 있습니다.

두 번째로 이어지는 **보호 테이프 라미네이션** 단계에서는 웨이퍼의 앞면에 특수한 보호 테이프를 부착합니다. 이 테이프는 웨이퍼의 미세한 회로 패턴을 보호하면서 향후 공정에서 발생할 수 있는 손상을 방지합니다. 특히 웨이퍼 백 그라인딩 단계에서의 웨이퍼 파손을 예방하는 역할을 합니다.

세 번째로 진행되는 **웨이퍼 백 그라인딩**은 핵심적인 단계로, 다이아몬드 입자가 부착된 특수한 휠을 사용하여 웨이퍼의 뒷면을 절삭합니다. 이를 통해 웨이퍼의 두께를 조절하여 전기 저항을 감소시키고, 열전도율을 향상시킵니다. 또한, 웨이퍼의 뒷면을 정밀하게 가공함으로써 전자기기의 소형화와 성능 향상에 기여합니다.

다음으로 진행되는 **웨이퍼 마운팅**은 백 그라인딩이 완료된 웨이퍼를 안정적으로 다루기 위해 웨이퍼를 프레임에 마운팅하는 단계입니다. 이로써 웨이퍼가 고르게 고정되며, 이후의 공정에서 안정적으로 진행될 수 있습니다.

마지막으로 이어지는 **디테이프 공정**에서는 백 그라인딩이 완료된 후 웨이퍼의 앞면에서 보호 테이프를 제거합니다. 이로써 웨이퍼의 앞면이 자유롭게 노출되어 다음 단계로 진행될 수 있게 됩니다.

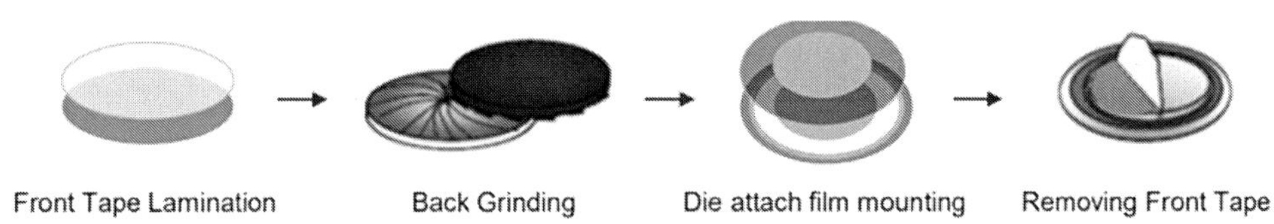

그림 3-1 웨이퍼 백 그라인딩 공정 개념도

① 웨이퍼 백 그라인딩 세부 공정

웨이퍼 수입 검사는 반도체 제조 공정의 첫 번째 단계로서, 웨이퍼가 실제 제조 공정에 투입되기 전에 수행되는 중요한 과정입니다. 이 단계에서는 웨이퍼의 품질을 철저히 확인하여 제조 공정 중에 발생할 수 있는 문제를 미리 예방하고, 반도체 제품의 최종 품질을 보장하기 위해 다양한 요소를 검사합니다.

첫째로, 웨이퍼의 수량, 직경, 두께를 확인하는 과정은 제조 사양에 부합하는지를 검증하는 중요한 단계입니다. 웨이퍼가 정확한 크기와 두께로 제작되었는지 확인함으로써 향후 공정에서의 안정성을 확보하고, 웨이퍼의 공급량이 생산 계획에 부합하는지를 점검합니다.

둘째로, 웨이퍼의 파손 여부를 점검하는 과정은 웨이퍼의 품질을 평가하는 핵심적인 부분입니다. 다양한 형태의 파손, 예를 들면 파열, 균열, 스크래치, 칩 등을 확인하여 이러한 손상이나 결함이 없는지 확인합니다. 웨이퍼의 물리적 손상은 반도체 제품의 최종 성능에 영향을 미칠 수 있으므로 이를 사전에 방지하는 것이 중요합니다.

셋째로, 웨이퍼 뒷면의 금 또는 은 도금 유무를 확인하는 작업은 웨이퍼를 보호하고 안정성을 확보하기 위한 조치입니다. 이 도금은 웨이퍼가 제조 및 가공 중에 발생할 수 있는 물리적인 손상으로부터 보호하며, 전기적 특성을 개선하여 반도체의 안정성을 확보합니다.

넷째로, 이물질에 의한 표면 오염 여부를 체크하는 단계는 웨이퍼의 전기적, 화학적 특성을 유지하고 최적의 성능을 보장하기 위한 중요한 작업입니다. 표면 오염은 전자기기의 제조 및 운영에 부정적인 영향을 미치므로, 이를 철저하게 제거하고 깨끗한 상태로 유지하는 것이 필요합니다.

마지막으로, 잉크 점의 높이를 측정하는 작업은 웨이퍼의 뒷면이 고르게 연삭되도록 하는 데 기여합니다. 이는 웨이퍼의 뒷면이 일관된 두께로 가공되어야 하는데, 이를 위해 잉크 점의 높이를 측정하여 연삭이 일관되게 이루어지도록 조절합니다.

웨이퍼 프리 클리닝은 웨이퍼가 본격적인 제조 공정에 진입하기 전에 수행되는 세정 단계로, 웨이퍼 표면의 미세한 입자나 이물질을 효과적으로 제거하는 과정입니다. 이 프리 클리닝은 반도체 제조의 시작점에서 웨이퍼의 깨끗한 상태를 유지함으로써 최종 제품의 품질과 성능을 보장하는 데 중요한 역할을 합니다. 이러한 과정에서는 주로 에어 블로우나 초순수로 알려진 탈이온수를 사용합니다.

첫 번째로, 웨이퍼 프리 클리닝은 라미네이션 테이프와 웨이퍼 상면의 등 틈새 발생을 방지합니다. 라미네이션 테이프는 웨이퍼의 표면을 보호하기 위해 사용되는데, 이 테이프가 웨이퍼와 결합되면서 표면에 미세한 입자나 이물질이 침투하지 못하도록 막아줍니다. 만약 공기가 틈새 형태로 들어가게 되면, 이는 이후의 제조 과정에서 웨이퍼가 손상될 수 있는 원인이 될 수 있습니다. 따라서 프리 클리닝 공정에서 라미네이션 테이프를 효과적으로 사용하여 표면 보호를 강화하는 것이 중요합니다.

두 번째로, 웨이퍼 프리 클리닝은 Back Grinding 공정 시 발생 가능한 미세 균열이나 Dimple 등을 예방하는 역할을 수행합니다. Back Grinding은 웨이퍼의 뒷면을 연삭하는 과정으로, 이때 웨이퍼 표면에 미세한 균열이나 오목한 부분이 발생할 수 있습니다. 이러한 손상은 반도체의 성능을 저하시키거나 제조 중에 웨이퍼가 파손될 수 있는 위험을 안고 있습니다. 따라서 웨이퍼 프리 클리닝을 통해 표면의 깨끗함을 유지함으로써 이러한 미세한 결함을 사전에 방지하는 것이 필수적입니다.

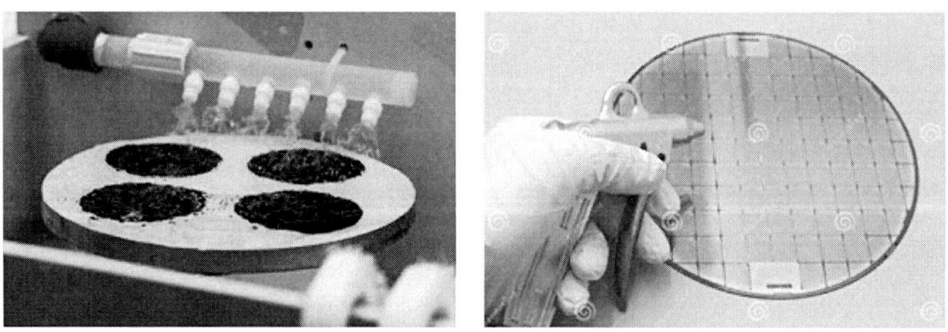

DI Water Cleaning　　N2 Blow Cleaning

그림 3-2 웨이퍼 프리 클리닝

테이프 라미네이션 공정은 반도체 제조에서 핵심적인 보호 과정 중 하나로, 웨이퍼의 상위 표면인 회로가 위치한 부분을 실리콘 먼지와 다른 미세한 입자로부터 보호하기 위해 특별한 보호 테이프를 사용하는 과정입니다. 이러한 테이프는 웨이퍼의 표면을 보호하여 제조 과정 중에 발생할 수 있는 손상을 방지하고, 최종 제품의 품질을 향상시키는 역할을 수행합니다.

이 보호 테이프는 일반적으로 135um 이상의 두께를 가지며, 테이프와 웨이퍼를 접착하는 과정에서는 적정 압력의 롤러가 사용됩니다. 이로써 테이프가 웨이퍼의 표면에 고르게 부착되어 웨이퍼의 표면을 효과적으로 보호할 수 있습니다. 이 단계는 웨이퍼가 다음 공정으로 전환되기 전에 필수적으로 수행되어야 합니다.

테이프가 웨이퍼에 제대로 부착된 후에는 웨이퍼의 크기에 맞게 테이프를 자르는 작업, 즉 커팅이 이루어집니다. 이 커팅 작업은 다양한 방법으로 수행될 수 있습니다. 레이저 커팅, 칼날을 이용한 블레이드 커팅, 그리고 고압의 전기를 통과시킨 금속 선을 이용한 와이어 커팅 등이 이에 속합니다. 각 방법은 장단점을 가지며, 사용하는 장비와 원재료, 필요한 정밀도 등에 따라 선택됩니다.

라미네이션 테이프의 종류에 대한 이해도 중요합니다. UV 테이프는 강한 접착력과 U.V 조사를 통한 쉬운 제거 기능을 가지고 있습니다. 비반응 UV 테이프는 U.V 조사 없이도 제거가 가능한 테이프입니다. 이러한 특징들은 제조 과정의 효율성과 유연성을 향상시킵니다.

라미네이션 테이프는 일반적으로 세 가지 계층으로 구성됩니다. 기본 필름층은 폴리올리펜을 이용하여 테이프의 기본적인 구조를 형성합니다. 접착층은 아크릴을 사용하여 웨이퍼와 테이프를 접착시키는 역할을 합니다. 마지막으로, 분리층 또는 커버필름은 폴리에스터를 이용하여 테이프를 제거할 때 필요한 기능을 수행합니다. 이러한 다채로운 과정과 계층 구조는 테이프 라미네이션 공정이 웨이퍼의 안전한 보호를 위해 얼마나 복잡하고 정교한 기술로 이루어져 있는지 보여줍니다.

그림 3-3 테이프 라미네이션 공정

그림 3-4 라미네이션 테이프

웨이퍼 백 그라인딩 공정은 웨이퍼의 뒷면을 요구되는 두께로 정밀하게 가공하는 과정입니다. 이 공정에서는 특수한 휠에 다이아몬드 입자가 부착된 고급 재료를 사용하여 연삭이 이루어집니다. 일반적으로 백 그라인딩은 크게 '1차 연삭'과 '2차 연삭' 단계로 나뉘어져 있습니다.

1차 연삭에서는 상대적으로 큰 크기의 다이아몬드 입자, 즉 Mesh size 300에서 500을 사용하여 초기 두께를 대략적으로 조절합니다. 이 단계에서는 웨이퍼의 뒷면을 초기 상태에서부터 필요한 두께에 가깝게 가공하여 기본적인 형태를 만들어 냅니다.

이어지는 2차 연삭 단계에서는 더 작은 크기의 다이아몬드 입자, 즉 Mesh size 2000에서 2500을 사용하여 최종 두께를 정밀하게 조절하고, 웨이퍼의 뒷면을 더욱 부드럽게 마무리합니다. 이렇게 두 차례의 연삭을 통해 웨이퍼의 두께는 정밀하게 제어되며, 웨이퍼의 전기적 · 열적 특성이 개선됩니다.

이 과정 외에도 필요에 따라 웨이퍼의 뒷면에 폴리싱 과정을 추가할 수 있습니다. 폴리싱은 다이아몬드 휠을 사용하는 연삭보다 더욱 섬세한 가공을 가능하게 하며, 웨이퍼의 표면을 깨끗하고 부드럽게 만들어 반도체 제조 과정의 품질을 높이는 역할을 합니다.

이 공정의 원리를 자세히 알아보면, 포러스 척이라고도 불리는 다공질 척 테이블에 웨이퍼가 로딩되고, 이를 회전시키는 방식으로 진행됩니다. 동시에 고속으로 회전하는 그라인딩 휠이 일정한 속도로 웨이퍼의 뒷면을 연삭합니다. 이 과정에서 다이아몬드 입자가 웨이퍼의 뒷면을 절삭하면서 웨이퍼의 두께를 조절하게 됩니다.

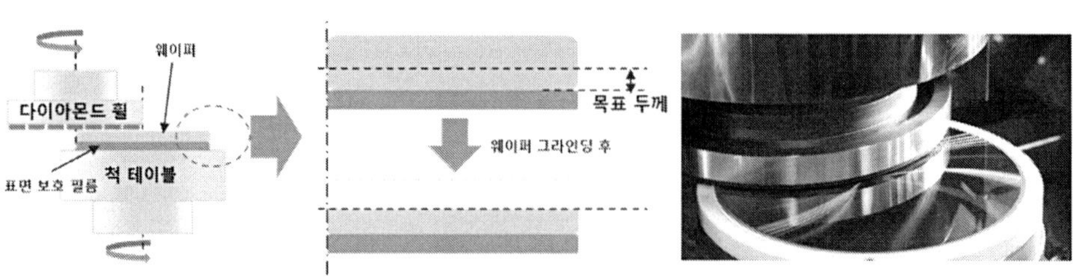

그림 3-5 웨이퍼 백 그라인딩 개념도

그림 3-6 웨이퍼 백 그라인딩 휠

웨이퍼 마운팅 공정은 반도체 제조에서 매우 중요한 단계 중 하나로, 웨이퍼를 웨이퍼 프레임에 안정적으로 고정시키는 과정입니다. 이러한 마운팅은 웨이퍼 다이싱 및 다이 어태치 시 개별 칩이 일정한 간격으로 정확하게 배치되도록 함으로써, 효율적인 반도체 제조를 가능하게 합니다.

마운팅 공정에서 사용되는 테이프에는 여러 종류가 있으며, 각각의 특성에 따라 선택됩니다. 대표적인 두 가지 테이프는 표준 테이프와 UV 테이프입니다. 표준 테이프는 보통 파란색이며 50~70℃에서 사용됩니다. 반면에 UV 테이프는 흰색이며 상온에서 사용됩니다. 이러한 테이프들은 웨이퍼를 안정적으로 고정시키면서도 이후의 공정에서 원활한 진행을 보장합니다.

마운팅 공정이 완료된 후에는 웨이퍼의 상태를 정밀하게 확인하는 품질 확인 항목이 수행됩니다. 첫째, 웨이퍼의 두께를 정확하게 측정하여 제조 공정에 사용될 반도체 패키지에 맞는 두께인지 확인합니다. 둘째, 각 웨이퍼 칩이 규정된 방향으로 정확하게 배치되었는지 확인하여 제품의 정렬을 보장합니다. 셋째, 스크라이브 레인이나 소 스트리트의 정렬을 확인합니다. 이는 웨이퍼를 절단하는 라인이 웨이퍼 칩 간의 간격을 일정하게 유지하도록 설정되었는지를 확인하는 것으로, 정교한 제조 프로세스에서 필수적입니다. 넷째, 공기 방울의 유무를 확인하여 이물질이나 공기가 웨이퍼에 미치는 영향을 최소화합니다. 마지막으로, 마운트 척 온도를 확인합니다. 이 온도는 테이프가 웨이퍼에 제대로 접착되도록 하는 데 중요하며, 60+/-10℃에 유지되어야 합니다.

이로써 마운팅 공정은 웨이퍼의 안정성을 보장하며, 향후 단계에서의 정밀한 제조를 지원합니다. 이러한 품질 확인 절차는 반도체 제조에서 제품의 신뢰성과 성능을 보장하는 데 핵심적인 역할을 합니다.

그림 3-7 웨이퍼 마운트 테이프

디테이프 공정은 웨이퍼의 표면에서 라미네이션 테이프를 효과적으로 제거하는 과정으로, 세부적으로는 로딩, UV 광선 조사, 그리고 디테이핑 세 단계로 나뉩니다.

첫 번째로, 웨이퍼를 장비에 로딩하는 과정에서는 웨이퍼가 장비 안에 안정적으로 위치하도록 하는 작업이 이루어집니다. 웨이퍼의 안정적인 위치는 이후의 작업에서 정확한 디테이핑을 가능케 하며, 이로써 효율적인 테이프 제거가 가능합니다.

두 번째로, UV 광선을 조사하는 단계에서는 특별한 파장의 UV 광선을 이용합니다. 대략 200에서 400um의 파장을 가진 UV 광선은 테이프의 접착력을 현저히 감소시킵니다. 이는 라미네이션 테이프와 웨이퍼 사이의 접착력을 약화시켜 라미네이션 테이프를 쉽게 분리할 수 있도록 만듭니다. 이 과정을 디테이핑이라고 부릅니다.

마지막으로, 디테이핑 단계에서는 실제로 라미네이션 테이프를 웨이퍼 표면에서 제거하는 작업이 이루어집니다. 이 과정에서는 특별한 리무빙 테이프(Removing Tape)를 사용하여 웨이퍼 표면으로부터 라미네이션 테이프를 분리합니다. 이 리무빙 테이프는 디테이핑 과정에서 효과적으로 테이프를 제거하면서도 웨이퍼 표면을 손상시키지 않도록 설계되어 있습니다.

디테이프 공정을 통해 웨이퍼 표면은 깨끗하게 정리되며, 라미네이션 테이프로 인해 발생할 수 있는 불순물이나 입자들이 효과적으로 제거됩니다. 이는 다음 단계의 반도체 제조 공정을 위한 최적의 상태를 조성하며, 제조 공정에서의 정밀도와 안정성을 보장하는 데 기여합니다.

그림 3-8 디테이프용 리무빙 테이프

[2] 웨이퍼 백 그라인딩 장비 소개

웨이퍼 백 그라인딩 장비는 반도체 제조 공정에서 핵심적인 역할을 하는 장비로, 웨이퍼의 뒷면을 정밀하게 연삭하고 마운팅하는 데 사용됩니다. 이 장비는 크게 두 부분으로 나뉘며, 각 부분은 다양한 기능을 수행하여 최종적으로 완성된 웨이퍼를 얻을 수 있도록 합니다.

첫 번째 부분은 **웨이퍼 그라인딩 부분**입니다. 이 부분에서는 다이아몬드로 만든 그라인딩 휠이 웨이퍼의 뒷면을 정밀하게 연마합니다. 그라인딩 휠은 고속으로 회전하면서 웨이퍼에 압력을 가해 물질을 제거하고, 이를 통해 웨이퍼의 두께를 원하는 만큼 정밀하게 조절할 수 있습니다. 이 과정은 반도체 제조에서 중요한 역할을 하는데, 웨이퍼의 두께 조절은 반도체 소자의 특성을 결정짓기 때문입니다.

두 번째 부분은 **테이프 마운팅 부분**으로, 그라인딩이 완료된 웨이퍼를 특별한 테이프에 마운팅합니다. 이 테이프는 그라인딩 과정에서 발생할 수 있는 웨이퍼의 파손을 방지하고, 이후의 공정에서 웨이퍼를 안정적으로 처리할 수 있도록 돕습니다. 마운팅 테이프는 웨이퍼가 안정적으로 부착될 수 있도록 강한 접착력을 가지고 있어 웨이퍼의 안정성을 보장합니다.

그림 3-9 웨이퍼 백 그라인딩 장비

웨이퍼 백 그라인딩 장비는 다양한 구성 요소로 이루어져 있습니다. 웨이퍼 카세트 스테이지는 웨이퍼를 보관하고 로봇이 웨이퍼를 취급할 수 있도록 하는 역할을 합니다. 로봇은 카세트에서 웨이퍼를 꺼내와 포지셔닝 테이블에 올려놓아 웨이퍼의 중심을 정확하게 맞춥니다. 중심 맞춤은 이후의 공정에서 웨이퍼가 정확한 위치에 있을 수 있도록 하는 중요한 작업입니다.

다음으로, Transfer ARM1과 ARM2, 그리고 Z1, Z2, Z3 스핀들이 웨이퍼의 위치 조절과 그라인딩 과정을 담당합니다. Z1은 1차 연삭, Z2는 2차 연삭, 그리고 Z3는 폴리싱 연삭을 담당하여 웨이퍼를 최종적으로 완성시킵니다. 그라인딩 휠의 메시 사이즈를 조절하여 다양한 단계에서의 연삭이 이루어지며, 웨이퍼의 두께와 표면을 정밀하게 가공합니다.

웨이퍼가 그라인딩 과정을 완료하면 T2 ARM을 통해 척 테이블에서 스피너 테이블로 이동합니다. 스피너 테이블에서는 DI water와 Air Dry를 이용하여 웨이퍼를 세척하고 건조시킵니다. 이 마지막 단계에서 웨이퍼는 Tape mounter로 이동하거나 원래의 카세트로 이송되어 최종적으로 반도체 제조 공정에서 사용될 준비가 됩니다. 이러한 과정을 통해 웨이퍼 백 그라인딩 장비는 반도체 제조의 핵심 단계 중 하나로 자리잡고 있습니다.

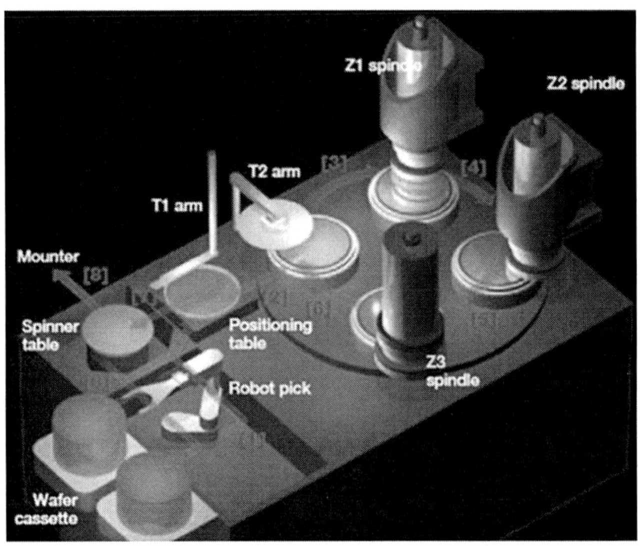

그림 3-10 웨이퍼 백 그라인딩 장비 내부 개념도

3.2 웨이퍼 소잉

웨이퍼 소잉은 반도체 제조 공정에서 웨이퍼를 개별 다이로 분리하는 핵심 작업입니다. 이 작업은 다이아몬드 블레이드를 활용하여 웨이퍼를 정밀하게 자르는 과정으로 진행됩니다.

웨이퍼 소잉 작업에서는 웨이퍼를 커팅 테이블에 놓고, 20,000~30,000 rpm으로 회전하는 휠을 사용합니다. 그러나 이러한 고속 회전으로 인해 발생하는 열과 정전기는 웨이퍼에 손상을 줄 수 있습니다.

손상을 방지하기 위해 CO_2 버블이 포함된 DI water를 사용하여 블레이드와 웨이퍼의 접촉면을 냉각하고, 동시에 정전기에 대한 저항을 제공합니다. 이로써 고속 회전에 따른 문제를 효과적으로 관리할 수 있습니다.

그림 3-11 웨이퍼 소잉

웨이퍼 내부에는 수많은 칩들이 존재하며, 이들은 소 스트리트(Saw street)라 불리는 경계면으로 나누어져 있습니다. 웨이퍼 소잉을 위해서는 이 소 스트리트에 위치한 패턴(Pattern) 인식 마크를 정확히 알아볼 수 있어야 합니다.

웨이퍼의 크기는 2", 4", 5", 6", 12" 등 다양하게 나누어집니다. 이러한 크기의 변화는 단순히 생산성 향상을 위한 것뿐만이 아니라, 웨이퍼의 직경이 증가함에 따라 얻을 수 있는 Good Die의 수량이 증가하게 됩니다. 이는 생산 효율성을 향상하는 중요한 요소입니다.

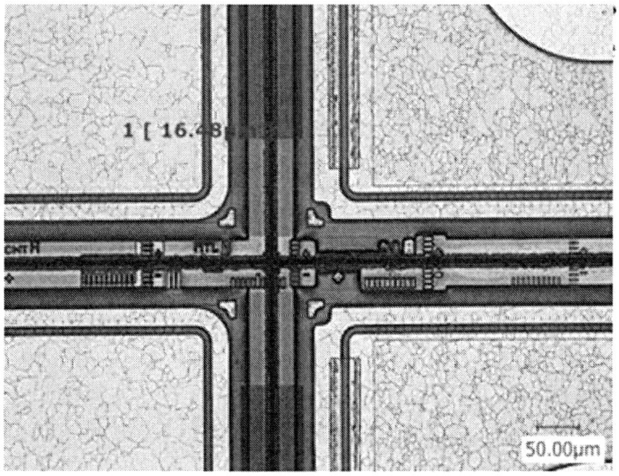

그림 3-12 웨이퍼 소 스트리트

웨이퍼 소잉을 수행하는 장비는 다양한 구성 요소를 포함하고 있습니다. 각각의 구성 요소는 웨이퍼 소잉 공정에서 특정한 역할을 수행합니다. 로봇, 휠, 블레이드, 냉각 시스템 등이 상호작용하여 웨이퍼 소잉을 원활하게 진행시킵니다.

웨이퍼 소잉은 스크라이브 앤 브레이크(Scribe & break), 블레이드 다이싱(Blade dicing), 레이저 다이싱(Laser dicing) 등 세 가지 기본 기법으로 분류되며, 각각의 기법은 특정한 상황에서 적합한 장점을 가지고 있습니다.

[1] 웨이퍼 소잉의 종류

① 스크라이브 앤 브레이크

Scribe & Break은 반도체 제조 과정에서 주로 활용되는 고도로 정교한 장비로, 웨이퍼를 원하는 크기로 정확하게 나누는 역할을 수행합니다. 이 시스템은 주로 두 가지 주요 장비로 구성되어 있습니다.

첫 번째로 소개되는 장비는 Scribe입니다. Scribe는 웨이퍼에 선을 그리는 기능을 수행하며, 이는 후속 공정에서 웨이퍼를 나누는 기준선으로 활용됩니다. 이 선을 그릴 때에는 다이아몬드 팁 또는 레이저가 사용되며, 이를 통해 정교한 패턴이 웨이퍼에 그려집니다. 선의 정확성을 보장하기 위해 웨이퍼 정렬기가 함께 사용되어 웨이퍼를 정확하게 위치시키고 선을 그릴 수 있도록 지원합니다.

두 번째 주요 장비는 Breaker로, 이 장비는 Scribe에 의해 그려진 선을 따라 웨이퍼를 나누는 역할을 합니다. 이 과정에서는 Breaking bar나 Support와 같은 도구가 사용되어 웨이퍼가 정확하게 나누어질 수 있도록 도움을 줍니다. Breaker의 역할은 Scribe에 의해 그려진 선을 따라 가해진 압력이나 힘을 통해 웨이퍼를 분할하는 것으로, 이를 통해 바 또는 칩으로 나누어진 웨이퍼를 얻을 수 있습니다.

웨이퍼를 소잉하는 과정은 다소 복잡하지만, 고도의 자동화된 시스템을 통해 효율적으로 진행됩니다. 먼저, 웨이퍼 핸들링을 위해 웨이퍼를 프레임에 준비하고, 패턴을 인식하여 정렬하는 단계가 필요합니다. 이후 자동화된 도구를 활용하여 Scribe 작업을 진행하면 웨이퍼는 바 단위로 분할됩니다. 그리고 바를 다시 한 번 Scribe 과정을 거쳐 칩 단위로 분리함으로써 최종적으로 웨이퍼는 칩 단위로 분리됩니다.

그림 3-13 웨이퍼 스크라이브 앤 브레이크 장비

② 블레이드 다이싱

Blade Dicing은 반도체 제조 분야에서 사용되는 공정 중 하나로, 웨이퍼를 정밀하게 절단하여 칩으로 분리하는 과정입니다. 이 공정은 주로 세 가지 주요 장비를 활용합니다. 첫 번째로 Automated Handler가 있습니다. 이 장비는 웨이퍼를 필요한 위치로 정확하게 이동시키는 역할을 수행합니다. 두 번째로는 Sawing System으로 불리는 장비가 있는데, 이 장비는 실제로 웨이퍼를 절단하는 과정을 담당합니다. 마지막으로, Image Recognition System은 웨이퍼에 그려진 패턴을 인식하여 정확한 절단을 가능하게 합니다.

블레이드 다이싱 공정

Blade Dicing 공정이 진행되는 과정은 다음과 같습니다.

먼저, Automated Handler를 활용하여 웨이퍼를 Sawing System의 chuck table로 이송합니다. 이는 웨이퍼를 정확한 위치에 안정적으로 배치하여 웨이퍼의 움직임을 최소화하고 정밀한 작업을 가능케 하는 첫 번째 단계입니다. 웨이퍼가 chuck table에 안착하면 곧바로 다음 단계로 진행됩니다.

다음으로 웨이퍼의 정렬 과정입니다. Image Recognition System을 활용하여 웨이퍼의 cutting line, 즉 saw street를 인식합니다. 이 작업을 통해 웨이퍼는 정확한 위치에 배치되어, 필요한 부분만 절단될 수 있도록 준비됩니다. 정확한 인식은 후속 작업의 핵심이며, 이를 통해 정교한 패턴이나 디자인이 있는 웨이퍼도 정확하게 처리할 수 있습니다.

그 후 Sawing System을 사용하여 웨이퍼를 절단합니다. 이 장비는 고속으로 회전하는 블레이드를 사용하여 웨이퍼를 정밀하게 자르는데, 이를 통해 웨이퍼는 최종적인 칩 단위로 분리됩니다. 이 과정에서 먼지나 잔여 물질이 발생할 수 있으므로 정밀한 제어가 필요합니다.

절단된 웨이퍼는 먼지나 잔여 물질이 없도록 세척 및 건조 과정을 거칩니다. 'Automated Handler'를 통해 다시 이송되어 세척된 웨이퍼는 고속으로 회전시켜 물과 공기를 이용하여 세정하고 건조시킵니다. 이로써 웨이퍼의 표면은 깨끗하게 유지되며, 제조과정에서 발생한 미립자나 불순물이 없도록 보장됩니다.

마지막으로, 작업이 완료된 웨이퍼는 다시 Automated Handler를 통해 카세트로 이송됩니다. 이로써 Blade Dicing 공정이 성공적으로 마무리되고, 정밀한 칩이 담긴 웨이퍼가 다음 단계로 진행되게 합니다. 이러한 공정은 반도체 제조에서 핵심적인 역할을 수행하며, 자동화된 시스템을 활용하여 정확하고 효율적으로 이루어집니다.

그림 3-14 블레이드 다이싱 공정

[2] 블레이드 다이싱 공정 요소

블레이드 다이싱 공정은 웨이퍼를 정밀하게 절단하여 칩으로 분리하는 과정으로, 이를 위해 여러 핵심적인 구성 요소들이 사용됩니다. 이 장에서는 그 중 주요한 다섯 가지 항목을 자세히 살펴보겠습니다.

① 냉각제, 세척제(Coolants and Cleaners)

블레이드가 발생한 열을 효과적으로 제거하고 웨이퍼 표면에 남은 잔류물을 제거하기 위해 사용되는 냉각제 및 세척제입니다. 초순수와 표면 활성제로 구성되며, 습윤제를 적용하여 블레이드 수명을 연장하고 소 잔류물을 효과적으로 제거합니다.

블레이드가 가열되면 칩 아웃 증가 및 블레이드 파손 등으로 수명이 감소합니다. 습윤제의 적용으로 소 잔류물을 효과적으로 제거함으로써 블레이드의 수명을 연장시킬 수 있습니다.

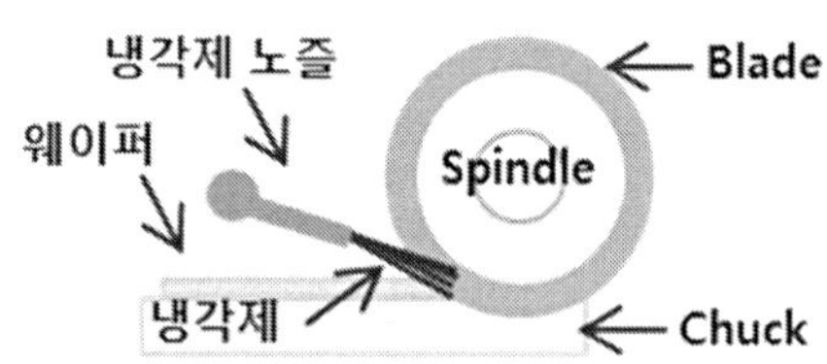

그림 3-15 냉각제, 세척제 개념도

② 이산화탄소 버블러(CO_2 Bubbler)

블레이드 발생 열 및 웨이퍼 표면 잔류물을 제거하기 위해 사용되는 초순수에서 정전기가 발생합니다. 정전기로 실리콘 미립자 오염 및 유동전위로 인한 칩 내 알루미늄 층 손상이 발생합니다. 이러한 문제를 해결하기 위해 초순수에 이산화탄소를 주입하여 저항치를 낮추어 정전기 및 유동전위를 효과적으로 제어합니다.

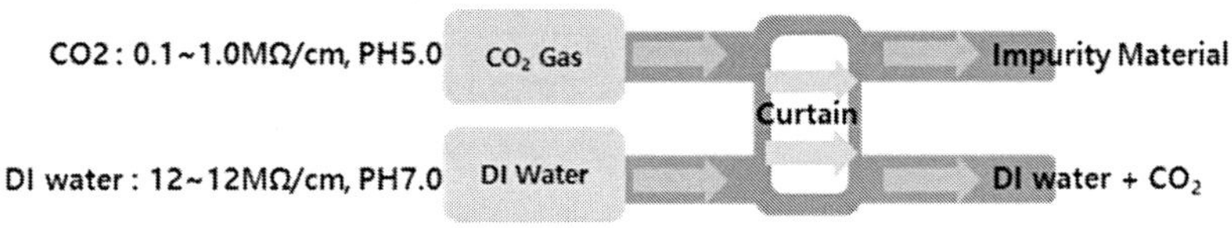

그림 3-16 이산화탄소 버블러 개념도

③ 블레이드(Blades)

블레이드 다이싱 공정에서 Blade를 선택하고 조정하는 것은 정밀한 웨이퍼 절단을 위한 결정적인 단계입니다. 이 장에서는 Blade를 선정하고 사용할 때 고려해야 하는 주요 요소들에 대해 더 자세히 다루겠습니다.

블레이드 선정 시 고려해야 할 주요 요소

Blade를 선택할 때 고려해야 하는 핵심 요소로는 다음이 있습니다.

(1) 칩(Chip)의 특성

Chip의 속성에 따라 적절한 Blade를 선택해야 합니다. 각각의 Chip은 다양한 물성을 가지고 있으며, 이에 맞추어 Blade를 선택함으로써 최상의 결과를 얻을 수 있습니다.

(2) Kerf Width

Kerf Width는 절단 시 발생하는 빈 공간의 넓이를 의미합니다. 이 값은 Blade의 선택에 영향을 미치며, 정밀한 절단을 위해 적절한 Kerf Width를 설정하는 것이 중요합니다.

(3) 블레이드의 수명

Blade의 수명은 공정의 효율성과 비용에 직접적인 영향을 미칩니다. 따라서 Blade를 선택할 때에는 반드시 수명을 고려해야 합니다.

(4) 비용

Blade의 비용은 물론 중요한 고려 사항 중 하나입니다. 효율적인 웨이퍼 절단을 위해 적절한 성능을 가진 Blade를 선택하되, 비용도 고려하여 전체적인 경제성을 고려해야 합니다.

블레이드 종류 및 구조

블레이드의 종류에는 허브 타입 블레이드(Hub Type Blade)와 허브리스 타입 블레이드

(Hubless Type Blade)가 있습니다. 최근에는 일체형인 허브리스 타입 블레이드가 주류를 이루고 있습니다. 각각의 블레이드에는 특징이 있으며, 웨이퍼의 특성 및 공정의 요구에 따라 선택되어야 합니다.

허브 타입 블레이드
(Hub Type Blade)

허브리스 타입 블레이드
(Hubless Type Blade)

그림 3-17 블레이드

블레이드 치수 설정 : 블레이드 두께와 블레이드 노출

(1) 블레이드 두께(Blade Thickness)

블레이드 두께는 소 스트리트(Saw street)가 허용하는 한도 내에서 가능한 두꺼운 것을 선택하는 것이 일반적입니다. 얇은 블레이드는 블레이드 노출을 줄이고, 이에 따라 수명이 감소하는 경향이 있습니다.

(2) 블레이드 노출(Blade Exposure)

블레이드 노출은 블레이드 휠 허브(Blade Wheel Hub) 끝에서 블레이드 끝(Blade Edge)까지의 길이를 나타냅니다. 보통 절단할 깊이에 5mil(127um)를 더한 길이를 선택합니다. 단, 너무 많은 노출은 블레이드에 과도한 응력을 가하고 휘어지게 할 수 있습니다.

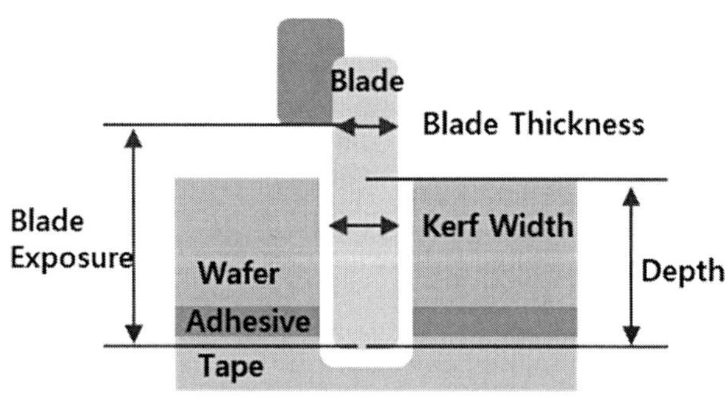

그림 3-18 블레이드 다이싱 공정 요소 개념도

피드 속도(Feed Rate)의 중요성

피드 속도는 절단할 웨이퍼가 블레이드에 대해 움직이는 속도를 나타냅니다. 이 속도를 조절하여 Blade의 수명을 연장하고 깨끗한 절단 표면을 유지할 수 있습니다. 그러나 주의할 점은 피드 속도가 증가하면 블레이드의 수명이 감소한다는 것입니다. 따라서 웨이퍼의 특성과 블레이드의 특성을 고려하여 적절한 피드 속도를 설정해야 합니다.

피드 속도 설정의 유의사항

피드 속도를 설정할 때 주의해야 할 점은 다음과 같습니다.

- 피드 속도를 증가시키면 블레이드 수명이 감소하므로 적절한 속도를 유지해야 합니다.
- 웨이퍼의 특성과 블레이드의 특성을 고려하여 최적의 피드 속도를 찾는 것이 중요합니다.

이처럼 블레이드 다이싱 공정에서는 다양한 요소들이 상호작용하여 웨이퍼를 정밀하게 절단합니다. 블레이드의 선정부터 치수 설정, 그리고 피드 속도의 조절까지 각 단계에서 주의 깊은 선택과 조정이 필요합니다. 이를 통해 고객은 최상의 품질과 효율성을 확보할 수 있습니다.

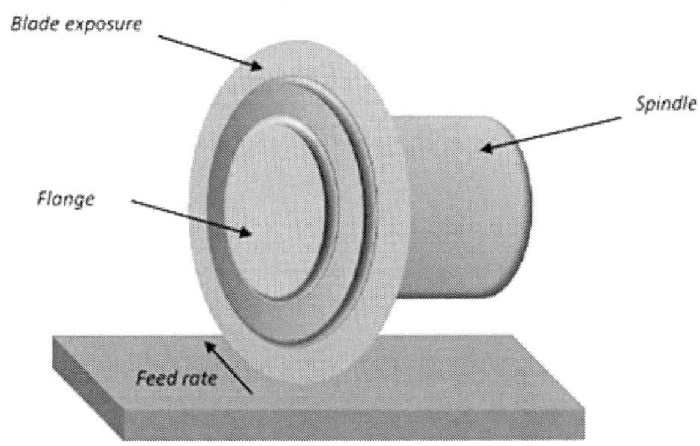

그림 3-19 피드 속도 개념도

[3] 블레이드 다이싱의 종류

Blade dicing은 웨이퍼 다이싱 과정에서 다양한 방법으로 수행됩니다. 그 중 풀 컷, 하프 컷, 듀얼 컷, 스텝 컷, 베벨 컷 등 다양한 방법이 있습니다. 각각의 방법은 특별한 용도와 특성을 가지며, 이를 이해하고 적용하는 것이 중요합니다.

풀 컷은 가장 기본적인 가공 방법으로, 다이싱 테이프와 같은 고정 물질까지 완전히 절단하는 방식을 말합니다. 이 방식은 반도체 제조 과정 중 웨이퍼 다이싱 단계에서 주로 사용되며, 여러 재료와 분야에서 활용될 수 있습니다. 풀 컷은 안정적이고 기본적인 다이싱 과정을 수행하는 데 효과적입니다.

하프 컷(Half Cut)은 작업물의 중간까지 절단하여 홈을 생성하는 방법입니다. 이는 작업물의 일부만 절단하면서 홈을 만들어내는 것을 의미합니다. 주로 DBG 공정에서 사용되며, 이는 하프 컷을 통해 홈을 생성하고, 그라인딩을 통해 웨이퍼를 가늘게 만들며 다이를 분리하는 과정을 포함합니다. 이 방법은 반도체 제조에서의 특정한 용도에 적합하며, 정밀한 가공이 필요한 경우에 활용됩니다.

듀얼 컷(Dual Cut)은 두 개의 스핀들 축을 가진 듀얼 다이싱 톱을 사용하여 두 라인을 동시에 풀 컷 또는 하프 컷하는 방법입니다. 이는 처리량을 향상시킬 수 있는 방법으로, 두꺼운 블레이드를 사용하면 Feed rate을 감소시켜야 한다는 점에 유의해야 합니다. 듀얼 컷은 높은 생산성을 요구하는 상황에서 효과적으로 활용됩니다.

스텝 컷(Step Cut)은 두 개의 스핀들 축을 가진 듀얼 다이싱 톱을 사용하여 두 단계에서 풀 컷과 하프 컷을 수행하는 방법입니다. 이는 두 번의 절단 단계를 거쳐 웨이퍼를 가공하는 방법으로, 특정한 상황에서 필요한 경우에 적용됩니다. 각각의 단계는 웨이퍼의 특정 부분에 대한 다이싱을 수행하게 됩니다.

마지막으로 **베벨 컷**(Bevel Cut)은 스텝 컷 중에 V자 모양의 칼날을 사용하여 웨이퍼를 두 단계에서 절단하는 방법입니다. 한 번의 절단 과정에서 두 번의 절단 단계를 거치게 되며, 이는 특별한 형태의 가공이 필요한 경우에 사용됩니다.

각각의 다이싱 방법은 고유의 특징과 장단점을 가지고 있으며, 적절한 상황에서 적용되어야 합니다. 이러한 방법들은 반도체 제조뿐만 아니라 다양한 분야에서 사용되며, 특히 웨이퍼의 정밀한 가공이 필요한 산업에서 큰 중요성을 가지고 있습니다.

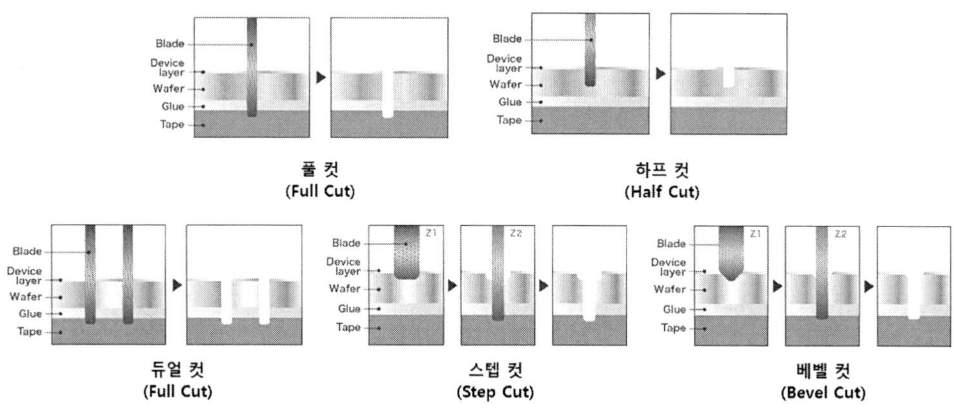

그림 3-20 블레이드 다이싱의 종류

[4] 웨이퍼 소잉 장비의 기본구조

웨이퍼 소잉 장비는 여러 모듈들로 구성되어 있으며, 각 모듈은 고유한 기능을 수행하여 전체 장비의 성능에 기여합니다. 이 중에서도 몇 가지 핵심 모듈에 대해 자세히 살펴보겠습니다.

웨이퍼 카세트 엘리베이터(Wafer Cassette Elevator)

웨이퍼 카세트를 안전하게 고정하고, 웨이퍼 링을 위로 올려주는 역할을 합니다. 웨이퍼의 안전한 이동과 효율적인 작업을 위해 필수적인 요소로, 소잉 작업의 시작점을 제공합니다.

프리 얼라이먼트 스테이지(Pre-alignment Stage)

프리 얼라이먼트 스테이지에서는 웨이퍼의 방향을 조절하고, 웨이퍼가 이동할 위치에 대기하게 됩니다. 이 과정은 웨이퍼 소잉의 정밀도와 효율성을 높이는 데 중요한 역할을 합니다.

로워 암(Lower Arm) 및 어퍼 암(Upper Arm)

로워 암은 웨이퍼를 웨이퍼 카세트와 프리 얼라이먼트 스테이지 사이에서 이동시키고, 어퍼 암은 웨이퍼를 프리 얼라이먼트 스테이지와 스피너 테이블 사이에서 이동시킵니다. 이 두 암은 웨이퍼의 안전한 이동을 보장하며, 각 스테이지에서의 작업을 원활하게 만들어줍니다.

척 테이블(Chuck Table)

웨이퍼 소잉이 이루어지는 테이블로, 여기에서는 높은 속도로 웨이퍼를 소잉합니다. 척 테이블에는 여러 장치들이 있으며, 스핀들 헤드에는 Blow air nozzle, Blade cooling water nozzle, Cleaning water nozzle, Cutting water nozzle 등이 있습니다.

스피너 테이블(Spinner Table)

소잉이 완료된 웨이퍼를 세정하고 건조하는 역할을 합니다. 클리닝 헤드와 클리닝 드라이빙 유닛 등의 세정 유닛을 포함하고 있습니다.

웨이퍼 소잉 장비 내부에서의 웨이퍼 소잉 과정

웨이퍼 소잉의 시작점으로, 엘리베이터는 웨이퍼 카세트를 안정적으로 고정하고, 웨이퍼 링을 위로 올려 초기 설정을 도와줍니다.

웨이퍼가 프리 얼라이먼트 스테이지로 이동하는 단계로, 웨이퍼의 방향을 조절하고 다음 이동 위치에 대기합니다. 로워 암은 웨이퍼를 카세트에서 안전하게 가져와 프리 얼라이먼트 스테이지로 이동시킵니다. 웨이퍼가 척 테이블로 이동하면, 소잉 블레이드가 고속으로 회전하여 웨이퍼를 정밀하게 절단합니다.

절단이 완료된 웨이퍼는 어퍼 암에 의해 스피너 테이블로 이동합니다. 스피너 테이블은 클리닝 및 건조 과정을 담당하며, 클리닝 해드와 클리닝 드라이빙 유닛을 사용하여 웨이퍼를 정리하고 건조시킵니다. 클리닝 및 건조가 완료된 웨이퍼는 로워 암에 의해 다시 웨이퍼 카세트로 반환됩니다.

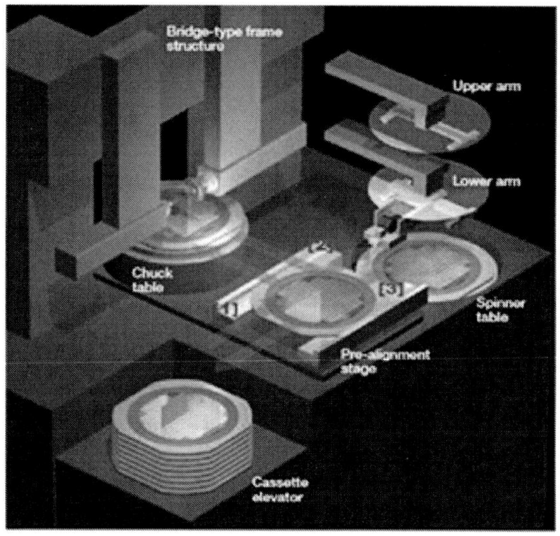

그림 3-21 웨이퍼 소잉 장비 내부 개념도

웨이퍼 소잉 불량

웨이퍼 소잉은 반도체 제조에서 핵심적인 과정 중 하나로, 정밀한 장비와 공정이 요구되는 작업입니다. 그러나 이러한 정밀한 작업에서는 다양한 불량 현상이 발생할 수 있습니다.

다이 균열(Die Crack) 또는 칩핑(Chipping)

다이의 일부분이 깨어져 떨어지는 불량 현상으로, 소잉시 과도한 응력이 가해질 때 발생합니다. 이에 대응하기 위해서는 소잉 파라미터를 최적화하고, 적절한 블레이드 선택과 소잉 환경을 조절하는 것이 필요합니다.

다이 스크래치(Die Scratch)

트위저 등의 도구를 잘못 다루어 다이 위에 기계적인 손상이 가해질 때 발생하는 불량입니다. 작업 훈련과 적절한 도구 사용이 필요하며, 작업 환경을 개선하여 손상을 최소화할 필요가 있습니다.

다이 Metallization 스미어(Die Metallization Smear)

다이 표면의 메탈 라인이 변형되거나 손상되는 현상으로, 불순물 제거와 핸들링 과정에서의 주의가 필요합니다. 정밀한 클리닝 및 핸들링 프로토콜을 수립하여 발생을 방지할 필요가 있습니다.

다이 부식(Die Corrosion)

웨이퍼의 다이가 물에 장시간 노출되어 메탈 라인에 부식이 생기는 불량입니다. 부식을 방지하기 위해서는 웨이퍼의 물에 대한 노출 시간을 최소화하는 것이 중요합니다.

정렬 불일치(Miss alignment) 또는 Sawing Miss

소잉라인이 아닌 다른 라인에서 소잉이 진행되어 다이의 손상이 생기는 현상으로, 소잉라인의 정확한 설정과 조작이 필요합니다.

테이프 버(Tape Burr)

테이프 접착제가 다이에서 깨끗하게 떨어지지 않고 다이 위에 오염물이 묻어있는 불량 현상입니다. 적절한 블레이드 선택과 소잉 파라미터의 정확한 설정이 필요합니다.

각 불량 현상에 대응하기 위해서는 예방이 중요합니다. 정밀한 소잉 파라미터의 조절, 작업자 교육과 훈련, 적절한 도구 및 환경의 제공 등이 필요합니다. 불량 현상이 발생한 경우에는 빠르게 대응하여 추가 손상을 막아야 합니다.

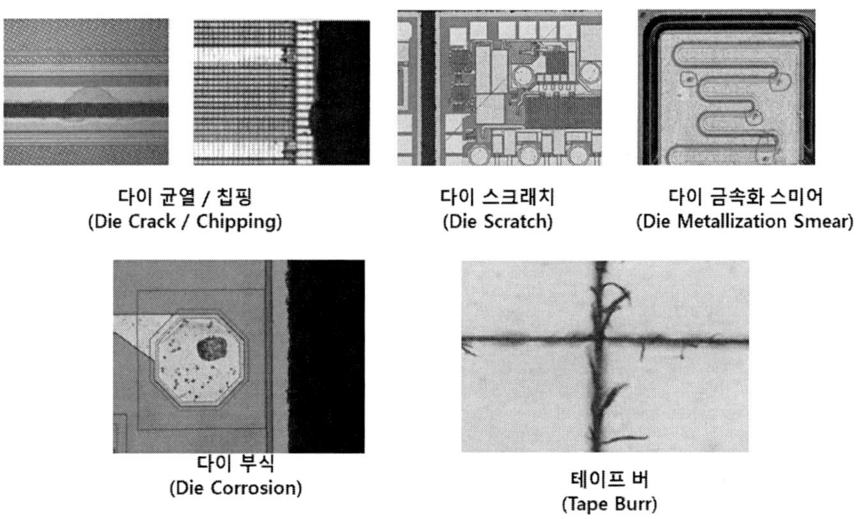

그림 3-22 웨이퍼 소잉 공정 불량

3.3 다이본딩

다이본딩은 웨이퍼 소잉 고정 과정을 거쳐 개별화된 칩을 서브스트레이트나 리드프레임 같은 기판에 붙이는 공정을 의미합니다. 이러한 프로세스에서 주로 사용되는 접착제로는 페이스트(Paste)나 필름(Film) 형태의 제품이 일반적으로 활용됩니다.

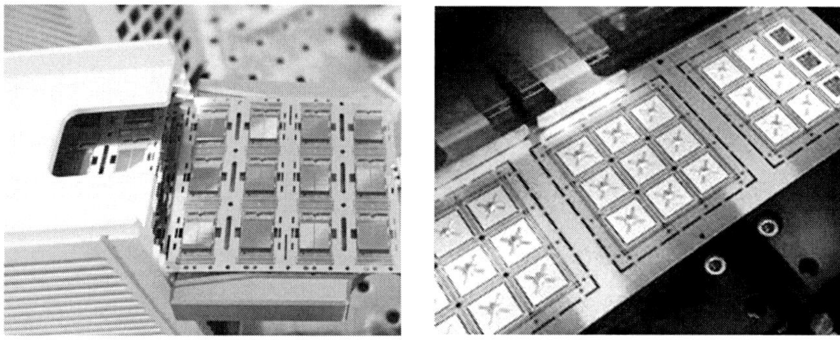

그림 3-23 다이본딩

기판의 종류로는 주로 리드프레임과 서브스트레이트가 있습니다. 리드프레임은 Rail, Rail hole, Die Bonding Pad, Wire bonding Pad, Inner Lead, Outer Lead 등으로 구성되어 있으며, 전통적인 패키징 공정에서 주로 활용됩니다. 한편, 서브스트레이트는 크기와 양산성에서의 이점을 가지고 있습니다. 여러 층으로 이루어진 Core 층, 배선 층, 절연층 등의 다층 구조를 가지고 있어 복잡한 구조와 기능을 담을 수 있습니다.

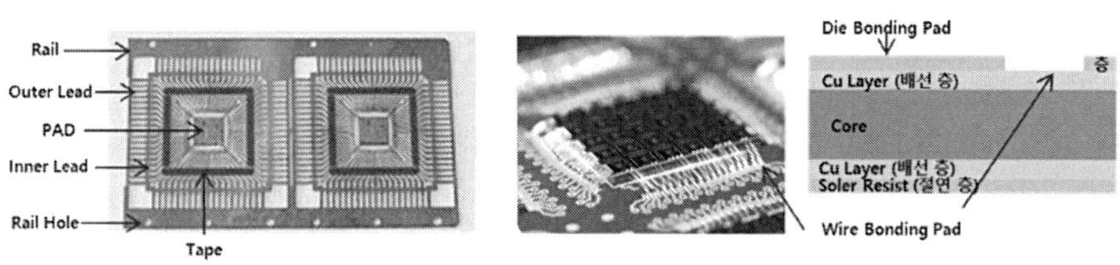

<리드프레임> **<서브스트레이트>**

그림 3-24 리드프레임과 서브스트레이트의 구조

다이본딩 공정은 칩을 기판에 고정시키기 위해 접착제 도포가 이루어집니다. 웨이퍼 링에서 개별적으로 분리된 칩이 픽업되어 기판에 정확한 위치에 놓이며, 사용된 접착제는 실리카와 에폭시의 혼합재료로 이루어져 있습니다. 본딩 후에는 약 175℃에서 30분 동안 오븐에서 경화 과정을 거칩니다.

최근에는 다이본딩 기술이 패키징의 형태를 혁신하고 있습니다. MCP(Multi Chip Package)는 여러 개의 칩을 하나의 패키지에 쌓아 만든 제품으로, 현재는 최대 16층까지의 다이를 쌓아 사용하는 제품이 상용화되고 있습니다. MCP를 구현하기 위해서는 칩을 대략 25um의 얇은 두께로 그라인딩하는 기술과, 이를 위한 특화된 본딩 및 와이어 본딩 기술이 필요합니다.

또한 SiP(System In Package)는 다양한 종류와 기능의 칩들을 하나의 PCB 위에 실장하는 기술로, 여러 기능을 통합한 고성능의 제품을 만들 수 있습니다. 이러한 혁신적인 패키징 기술은 전자 제품의 성능 향상과 공간 절약에 기여하고 있습니다.

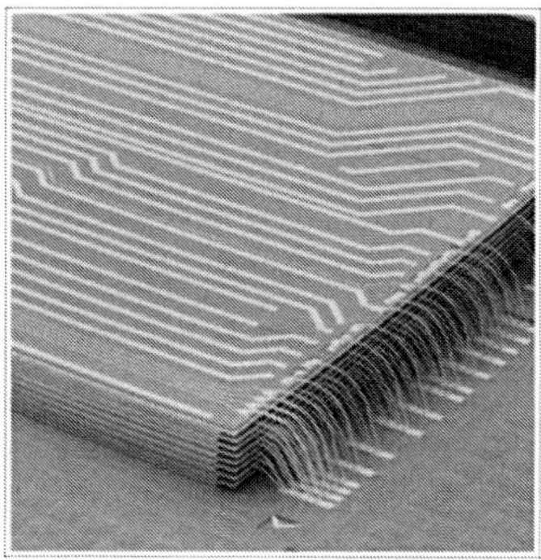

<Multi Chip Package>

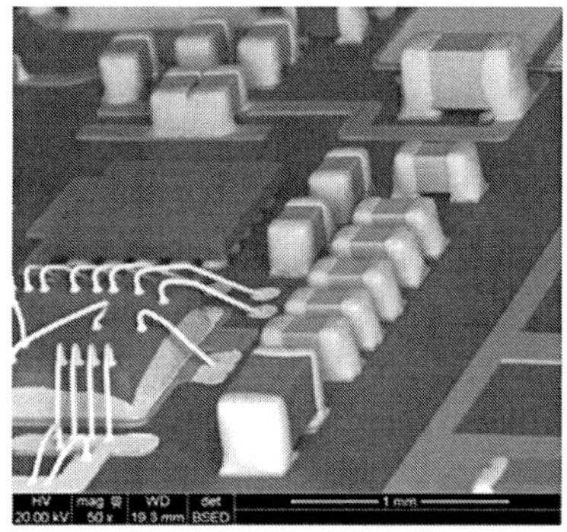

<System in Package>

그림 3-25 MCP와 SiP

[1] 다이본딩 공정

다이본딩의 기본적인 공정 순서는 여러 단계로 구성되어 있습니다. 이러한 단계들은 고도의 정밀성과 조절이 필요한 과정으로, 공정의 각 단계가 정확하게 이루어져야 최종적으로 안정적이고 효과적인 다이본딩이 가능해집니다.

먼저, 다이본딩 프로세스는 **기판로딩 단계**로 시작됩니다. 이 단계에서는 기판이 담겨 있는 매거진(M/Z)에서 기판을 꺼내어 다이본딩을 위한 플레이트에 놓는 작업이 진행됩니다. 이는 이후의 공정들을 위한 기초가 되는 중요한 단계로, 정확한 진행이 요구됩니다.

다음으로는 **접착제 도포 단계**가 이어집니다. 기판 위에 접착제를 발라주는 공정으로, 이는 다이와 기판을 안정적으로 접착시키기 위한 핵심 단계입니다. 접착제의 형태로는 디스펜싱 공정을 통해 접착제를 사용하거나 필름 형태의 DAF(Die Attach Film)가 사용됩니다. DAF를 사용하는 경우에는 디스펜싱 공정이 별도로 진행되지 않으며, 비전 시스템을 활용하여 제대로 접착되지 않은 상태를 검사하여 본딩이 이루어지지 않도록 조치됩니다.

그 다음으로는 **다이 픽업 단계**가 이어집니다. 이 단계는 다이 이젝트와 픽업 공정으로 나뉘며, 다이 이젝팅, 칩 픽업, 웨이퍼 매핑으로 구성되어 있습니다. 웨이퍼 소잉이 완료된 웨이퍼에 있는 다이는 마운팅 테이프 위에 붙어 있는 상태로 존재하며, 이를 픽업하기 위한 작업이 진행됩니다. 이때 이젝터 핀이 다이를 픽업하여 진공 압력으로 다이를 잡아주는 픽업 작업이 이루어집니다.

픽업이 완료되면 **다이본딩 단계**로 진행됩니다. 접착제가 발라진 서브스트레이트 위에 다이를 정확한 위치에 올려놓는 작업으로, 본딩 조건은 최적의 압력과 시간을 설정하여 진행됩니다. DAF를 사용하는 경우에는 150°C의 고온에서 접착이 이루어지며, 이후에는 비전 시스템으로 본딩이 제대로 이루어졌는지 검사가 이루어집니다.

다이본딩 후에는 **오븐 경화 공정**이 진행되어 접착제가 접착력을 갖도록 하기 위해 고온에서 일정 시간동안 유지됩니다. 경화 공정이 완료되면 **외관 검사**가 이루어지며, 경우에 따라 다이본딩 강도를 테스트하는 DST(Die Strength Test)가 추가로 진행될 수 있습니다. 이렇게 각각의 단계가 순차적으로 진행되면서 안정적이고 품질 높은 다이본딩이 완성됩니다.

<Epoxy dispensing > <Die Pick-up> <Die Placement> <Oven Cure>

그림 3-26 다이본딩 공정

[2] 다이본딩 공정 요소

다이본딩 공정에서 사용되는 다양한 모듈과 장비는 정밀하고 조절이 필요한 작업을 수행하는 데 중요한 역할을 합니다. 이러한 모듈들은 효율적인 다이본딩을 위해 각각의 기능과 특성을 가지고 있으며, 이를 자세히 알아보겠습니다.

첫 번째로 소개할 모듈은 픽업 툴로 웨이퍼에서 다이를 정확하게 집어오는 역할을 수행합니다. 다이의 크기에 따라 조절되는 콜렛(collet)을 사용하며, 이는 일반적으로 다이 크기의 60%에서 90% 정도의 크기로 설정됩니다. 픽업 툴은 매우 민감한 장비로, 사용 후 약 50,000번 정도 사용하면 콜렛을 교체해주어야 합니다. 효율적인 유지보수를 위해 사용 시간을 모니터링하고 기록하는 것이 중요하며, 마그네틱 형태의 콜렛은 변형이나 오염 시에는 즉시 교체되어야 합니다.

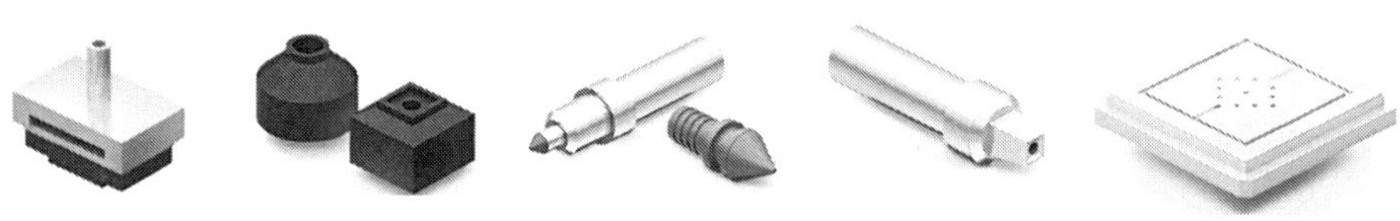

<Magnetic Collet> <Rubber Collet> <Plastic Collet> <Metal Collet> <Ceramic Pick-up Tool>

그림 3-27 다이본딩 픽업툴

두 번째로는 플런저 핀(Plunger Pin)으로 웨이퍼 상에서 다이를 개별적으로 분리할 때 사용됩니다. 플런저 핀은 다이 뒷면에서 다이를 위쪽으로 밀어올려 다이를 띄어내는 역할을 합니다. 이렇게 함으로써 다이의 균열이나 손상을 방지할 수 있습니다. 플런저 핀과 다이의 소잉라인(간격)은 다이의 크기에 따라 최소 0.5mm로 유지되어야 합니다. 플런저 핀의 수명은 일반적으로 약 60만 번 정도이며, 이 횟수를 초과하면 새로운 핀으로 교체되어야 합니다.

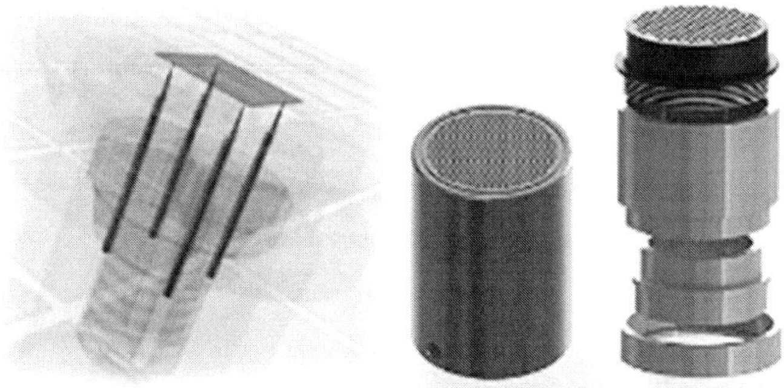

<Plunger Pin>　　　　<Pin Holder & Cap>

그림 3-28 플런저 핀과 핀 홀더

다이 접착제는 레진과 열경화 물질이 혼합되어 사용자가 배합하는 과정에서 발생할 수 있는 접착 품질의 균일도 문제를 해결하기 위한 재료입니다. 다이 에폭시의 경우 반응 속도를 조절하기 위해, paste 형태는 -40℃ 이하, 필름 형태는 5℃ 이하에서 보관되도록 설계되었습니다. 또한 열경화 첨가제는 레진의 중합화를 촉진하여 제품의 반응을 진행시키는 역할을 하며, 희석제는 curing 공정에서 접착제의 점착성을 조절하여 정확한 기능을 수행하도록 합니다. 필러로는 도전성을 가지는 메탈, 금, 은, 구리, 알루미늄, 니켈, 카본 블랙 등이 사용되며, 도전성이 없는 필러로는 실리카, 알루미나, 알루미늄 나이트라이드, 다이아몬드 실리콘 카바이드, 폴리머 등이 활용됩니다.

에폭시 디스펜싱은 다이와 기판 사이에 공백이 생기는 것을 방지하기 위해 다양한 방식으로 진행됩니다. 에폭시 노즐의 종류에는 샤워헤드 타입과 글씨를 쓰듯 움직여 패턴을 형성하는 Writing 타입이 있습니다. 샤워헤드 타입 노즐은 일정한 간격의 에폭시 dot을 도포할 수 있으며, Writing 타입 노즐은 작은 다이의 경우 dotting 타입으로 점을 찍어 에폭시를 디스펜싱하며, 다이의 크기에 따라 다양한 패턴으로 에폭시를 도포합니다.

웨이퍼의 오리엔테이션 플랫(orientation flat)과 노치(notch)의 방향은 웨이퍼를 정렬할 때 기준이 됩니다. 웨이퍼 모델에 따라 방향과 바코드(bar code) 위치가 달라질 수 있으므로 주의가 필요합니다. 이를 통해 웨이퍼의 정확한 위치와 방향을 파악하여 다이 어태치 작업을 원활하게 수행할 수 있습니다.

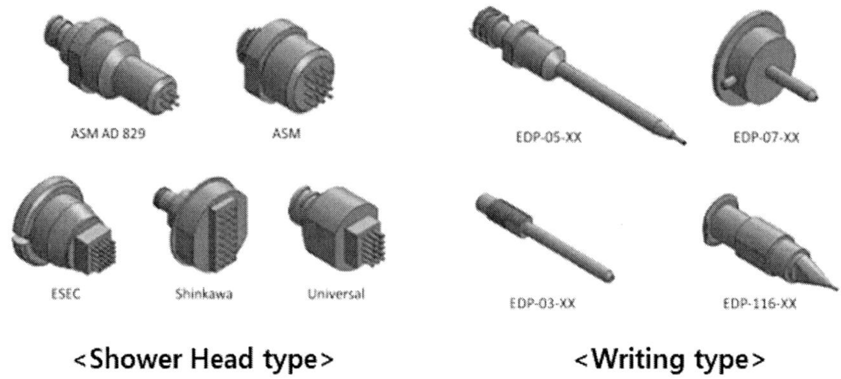

그림 3-29 에폭시 디스펜스 노즐

[3] 다이본딩 공정 불량

다이본딩에서 발생하는 주요 불량 문제를 어떻게 해결하고 예방할 수 있는지 살펴보겠습니다.

다이 어태치 보이드(Void)는 다이와 기판 사이에 공기 또는 빈 공간이 형성되는 현상으로, 이는 공정 중에 원하지 않는 결과물로 나타납니다. 이러한 보이드가 발생하는 주요 원인 중 하나는 접착제의 부적절한 배합이나 노화로 인한 것입니다. 오래된 접착제를 사용하거나 올바르지 않은 비율로 섞었을 때 보이드가 발생할 수 있습니다. 또한 다이 어태치(Die Attach) 과정에서 온도나 압력 설정이 잘못된 경우에도 이 문제가 발생할 수 있습니다. 다이 어태치 보이드의 다른 주요 원인으로는 기판이나 다이의 오염이 있습니다. 먼지나 기타 불순물이 존재하면 접착제가 제대로 붙지 않아 Void가 형성됩니다. 또한, 접착제의 과다 사용이나 부족한 사용 역시 보이드 발생을 촉진시킬 수 있습니다. 마지막으로, 공정 시간이 너무 길게 걸리면 보이드 발생 가능성이 높아집니다.

다이 어태치 보이드가 발생하면 여러 가지 문제가 발생할 수 있습니다. 첫째로, 열전도도가 감소하여 다이가 과열될 수 있습니다. 둘째로, 전도성 접착제를 사용할 경우 보이드는 전기적 연결의 불안정성을 초래할 수 있습니다. 셋째로, 반도체 패키지 내에서 균열이 발생하여 전체적인 신뢰성이 떨어집니다.

이러한 보이드는 주로 마이크로보이드(Microvoids)와 매크로보이드(Macrovoids) 두 가지 유형으로 발생합니다. 마이크로보이드는 작은 크기의 보이드로, 주로 접착제 내의 기포나 오염 때문에 발생합니다. 반면 매크로보이드는 상대적으로 큰 void로, 장비 설정 문제나 접착제 자체의 문제로 인해 발생할 수 있습니다.

이러한 문제를 확인하고 관리하기 위해서는 X-ray 검사를 통해 다이와 기판 사이의 void를 시각적으로 확인할 수 있습니다. 특히 비전도성 접착제의 경우 초음파 검사, 즉 SAT를 활용하여 확인할 수 있습니다.

불량 현상을 해결하고 예방하기 위해서는 몇 가지 주요한 접근 방법이 있습니다. 첫째로,

접착제를 제대로 관리하는 것이 중요합니다. 신선하고 올바른 비율로 배합하는 것이 필수적입니다. 둘째로, 다이 어태치 장비의 설정을 최적화하여 온도와 압력을 적절하게 유지해야 합니다. 기판과 다이의 청결을 항상 유지하고 오염을 제거하는 것도 중요한 단계입니다. 마지막으로, 접착제의 적절한 양을 사용하여 너무 많이 또는 너무 적게 사용하지 않도록 주의해야 합니다.

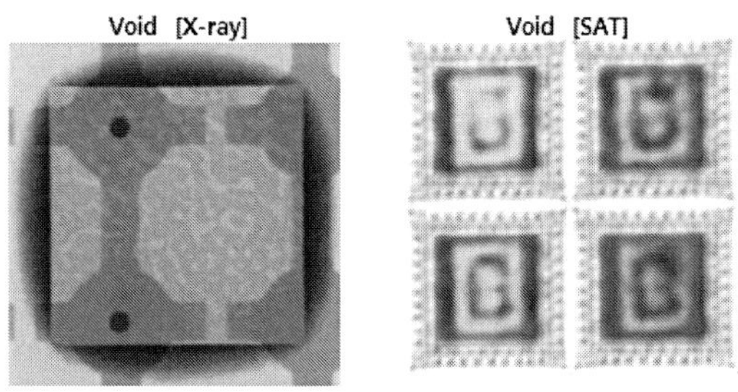

그림 3-30 공정불량; 보이드

에폭시 커버리지는 에폭시 접착제가 다이와 기판 사이에 얼마나 균일하게 퍼져있는지 나타내는 지표로, 전체 연결 영역에 이상적으로 분포되어야 합니다. 그러나 현실적으로는 다양한 원인으로 인해 에폭시 커버리지 불량이 발생하기도 합니다.

첫 번째 원인은 접착제의 양이 부적절할 경우입니다. 너무 적은 양의 접착제를 사용하면 다이 전체 영역에 균일하게 퍼지지 않을 가능성이 있고, 반대로 너무 많은 양을 사용하면 접착제가 다이를 넘어서 흘러내려 오염의 원인이 될 수 있습니다. 두 번째로, 장비의 설정이 문제일 수 있습니다. 압력이나 온도 설정이 적절하지 않으면, 접착제의 퍼짐이 불균일해질 수 있습니다. 세 번째로는 기판이나 다이의 오염도로 인한 문제가 있습니다. 오염된 부분에서는 접착제가 제대로 부착되지 않게 되는 경우가 발생할 수 있습니다. 마지막으로, 접착제 자체의 물리적, 화학적 특성이 적절하지 않을 경우에도 불균일한 퍼짐이 나타날 수 있습니다.

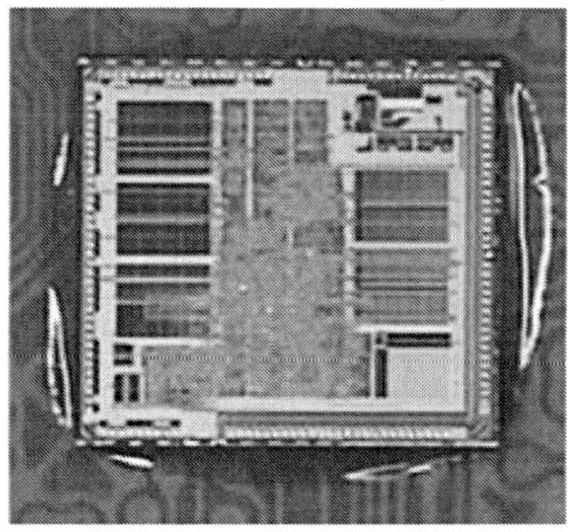

그림 3-31 공정불량; 에폭시 커버리지

에폭시 필렛은 다이와 기판 사이에 사용되는 에폭시 접착제의 높이를 나타내며, 이 높이는 다이의 안정성과 전체 접착 품질에 중요한 역할을 합니다. 올바른 폭시 필렛 높이는 다이가 안정적으로 기판에 부착되어 고도의 성능과 신뢰성을 제공합니다. 그러나 이러한 필렛에서 불량이 발생할 수 있으며, 이는 다양한 원인과 영향을 가지고 있습니다.

첫 번째로, 접착제의 양이 부적절할 경우에 불량이 발생할 수 있습니다. 너무 많은 양의 접착제가 사용되면 필렛의 높이가 과도하게 높아져 다이와 기판 사이의 간극이 예상치 못한 크기로 증가할 수 있습니다. 반대로, 너무 적은 양의 접착제를 사용하면 필렛의 높이가 충분하지 않아 안정적인 부착이 어려워집니다. 두 번째로, 다이 어태치 장비의 설정이 적절하지 않으면 문제가 발생할 수 있습니다. 예를 들어 장비의 압력이나 온도 설정이 부적절하다면 필렛의 높이가 일정하지 않게 형성될 수 있습니다. 마지막으로, 기판이나 다이의 표면에 오염물이 있을 경우에도 필렛의 높이가 일정하지 않을 수 있습니다.

불량이 발생하면 다이와 기판 간의 안정성이 저하되어 몰딩 공정에서 문제가 발생할 수 있습니다. 다이가 충분히 안정적으로 고정되지 않으면 몰딩 중에 다이의 움직임이 발생하게 되어 다양한 불량이 초래될 수 있습니다. 또한, 필렛 높이의 불균일성은 패키지의 전반적인 신뢰성을 저하시킬 수 있습니다.

불량의 주요 유형으로는 필렛의 높이가 다이 높이의 95%를 넘지 않는 불완전한 높이와, 필렛의 높이가 다이의 윗면을 초과하는 과도한 높이가 있습니다. 이러한 불량을 관리하고 검증하기 위해서는 현미경을 통한 시각 검사가 필요합니다.

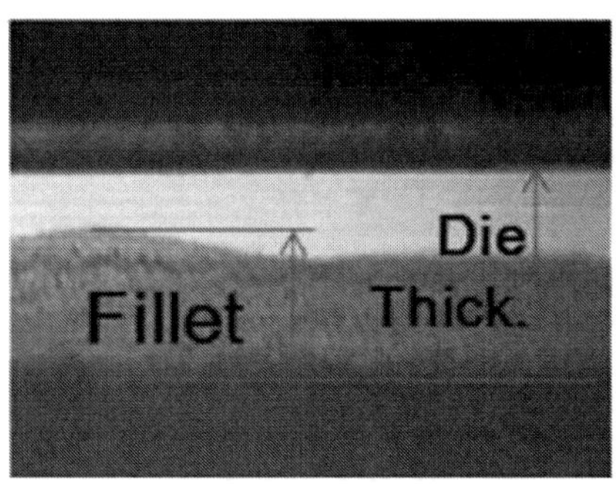

그림 3-32 공정불량; 에폭시 필렛

본딩 라인 두께(Bonding Line Thickness, 이하 BLT) 불량은 다이와 기판 사이에 사용되는 에폭시 접착제의 두께에 관련된 문제로, 이 두께가 일정하지 않거나 부적절하면 여러 가지 심각한 문제가 발생할 수 있습니다.

BLT 불량의 주요 원인 중 하나는 접착제의 양이 부족하거나 과도하게 사용되는 경우입니다. 이 경우 과다한 접착제 사용은 두꺼운 BLT를 형성하게 하며, 반면에 부족한 양은 너무 얇은 BLT를 생성할 수 있습니다. 적절한 BLT를 유지하기 위해서는 정확한 양의 접착제를 사용하는 것이 필수적입니다.

다이 어태치 장비의 설정 문제도 BLT 불량을 유발할 수 있습니다. 설정된 온도, 압력, 그리고 접착 시간 등이 부적절하게 조절되면 BLT가 불균일하게 형성될 수 있습니다. 따라서 장비 설정을 최적화하여 정확한 BLT를 유지해야 합니다.

또한 기판이나 다이의 오염도 역시 BLT 불량의 원인이 될 수 있습니다. 오염된 부분에서는 접착제가 제대로 부착되지 않아 BLT가 일정하지 않게 됩니다. 청결한 환경을 유지하고 오염을 최소화하는 것은 BLT 불량 예방에 중요한 역할을 합니다.

BLT 불량이 발생하면 여러 가지 문제가 발생할 수 있습니다. 첫째로, 와이어 본딩 불량이 발생할 수 있습니다. 와이어 본딩 시 볼 형성에 문제가 발생하여 제대로 연결되지 않을 수 있습니다. 또한, 불균일한 BLT는 내부에 보이드가 발생할 가능성이 있어, 이는 패키지의 신뢰성을 저하시킬 수 있습니다.

BLT 불량을 확인하고 관리하기 위해서는 고배율 현미경 검사가 필요합니다. 각 다이의 꼭지점에서 접착제의 두께를 확인하여 BLT를 검증할 수 있습니다. 뿐만 아니라, 경화 전후 측정을 통해 접착제의 두께 변화를 모니터링하여 BLT가 적절하게 형성되고 있는지 확인하는 것이 중요합니다.

다이 위치에 대한 정확한 관리는 반도체 제조 공정에서 핵심적인 부분 중 하나로, 이 작업이 정밀하게 이루어지지 않으면 다양한 문제점이 발생할 수 있습니다.

그림 3-33 공정불량; 본딩 라인 두께

다이 플레이스먼트 불량은 다이를 기판 위에 정확한 위치에 정확하게 배치하는 과정을 의미합니다. 이 작업은 정밀도와 정확성이 매우 중요하며, 이를 신속하고 정확하게 수행하지 못하면 다양한 불량이 발생할 수 있습니다.

다이 플레이스먼트에서 불량이 발생하는 주요 원인 중 하나는 장비의 정밀도 미달이나 보정 오류입니다. 장비의 정밀한 조절이나 보정이 부족하면 다이가 원하는 위치에 정확하게 배치되지 않을 수 있습니다. 또한 기판의 변형, 오염, 다이 자체의 오염 또는 변형, 그리고 작업자의 실수도 다이의 정확한 배치를 방해할 수 있는 요인입니다.

다이 플레이스먼트에서 발생한 불량은 다양한 결과를 초래합니다. 와이어 본딩 공정에서 본딩 불량이 발생할 수 있고, 패키지 내부에서 균열이나 변형이 발생할 수 있습니다. 불량이 발생하면 신뢰성 테스트에서 통과하지 못할 수 있으며, 전기적이나 열적 특성의 불일치가 발생할 수 있습니다.

주요 다이 플레이스먼트 불량 유형으로는 다이가 기대한 각도에서 회전된 상태로 배치되는 회전 불량, 지정된 위치에서 벗어나 배치되는 위치 불량, 그리고 다이가 기판에 올바른 높이에 배치되지 않는 높이 불량이 있습니다.

이러한 불량을 관리하고 검증하기 위해서는 고배율 현미경을 이용한 시각적 검사와 자동화된 비전 검사 시스템의 사용이 필수적입니다. 이를 통해 정확한 다이 플레이스먼트를 확인할 수 있습니다. 또한, 공정 매개변수의 최적화와 꾸준한 장비의 유지 및 보정이 필요합니다.

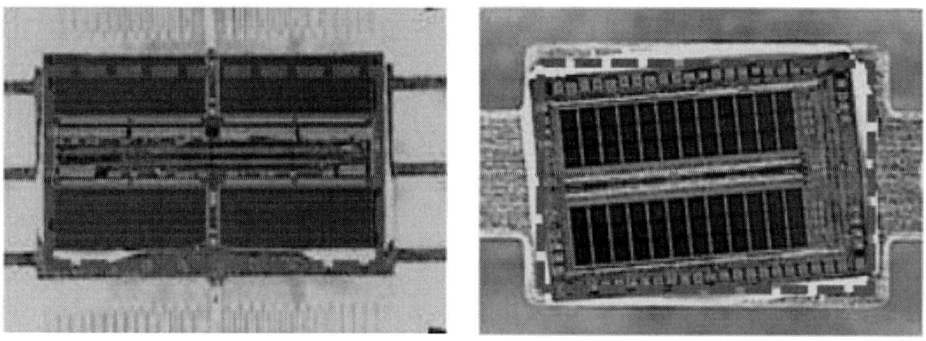

그림 3-34 공정불량; 다이 플레이스먼트

3.4 와이어 본딩

와이어 본딩은 다이본딩 공정이 완료된 후에 이어지는 공정 중 하나로, 칩과 기판을 전기적으로 연결하는 과정을 말합니다. 다이본딩이란 칩을 기판에 부착하는 공정이며, 와이어 본딩은 이렇게 부착된 칩과 기판을 전기적으로 연결하여 실제로 동작할 수 있도록 만드는 중요한 단계입니다.

이러한 와이어 본딩 작업은 모든 패드를 연결해야 하는 복잡한 작업이기 때문에 소요 시간이 많이 걸리며, 다른 공정에 비해 필요한 장비의 수도 많습니다. 특히, 후공정 장비 중에서도 가장 많은 수의 장비가 필요한 단계 중 하나입니다.

와이어 본딩은 리드프레임이나 서브스트레이트 위에 본딩된 다이를 매거진 단위로 와이어 본딩 장비에 장착한 후, 금선(gold wire)을 사용하여 다이의 패드와 리드프레임을 연결하는 과정입니다. 와이어 본딩이 완료된 리드프레임은 이후의 단계에 사용되기 위해 다른 매거진에 보관됩니다.

특히, MCP(MultiChipPackaging) 공정에서는 여러 개의 칩을 쌓은 후 몰딩을 하는데, 이로 인해 와이어 본딩이 필요한 칩의 수가 더 많아집니다. 따라서 더 많은 수의 와이어 본딩 장비가 필요하게 됩니다.

와이어 본딩은 전체적인 패키징 공정에서 매우 중요한 부분이며, 완료된 제품의 전기적 성능에 직접적인 영향을 미치게 됩니다. 정확하고 안정적인 와이어 본딩이 이루어져야만 최종 제품이 안정적으로 동작하고 고객의 요구사항을 충족시킬 수 있습니다.

이러한 복잡한 작업에서 성공적인 와이어 본딩을 위해서는 정밀한 장비 조절과 작업자의 높은 기술력 및 정확성이 필요합니다. 또한, 장비의 유지보수와 정기적인 보수가 중요하며, 적절한 품질 관리 및 품질 검사가 필수적입니다. 와이어 본딩은 제품의 최종 품질과 신뢰성에 직접적으로 영향을 미치는 핵심 단계 중 하나로 간주됩니다.

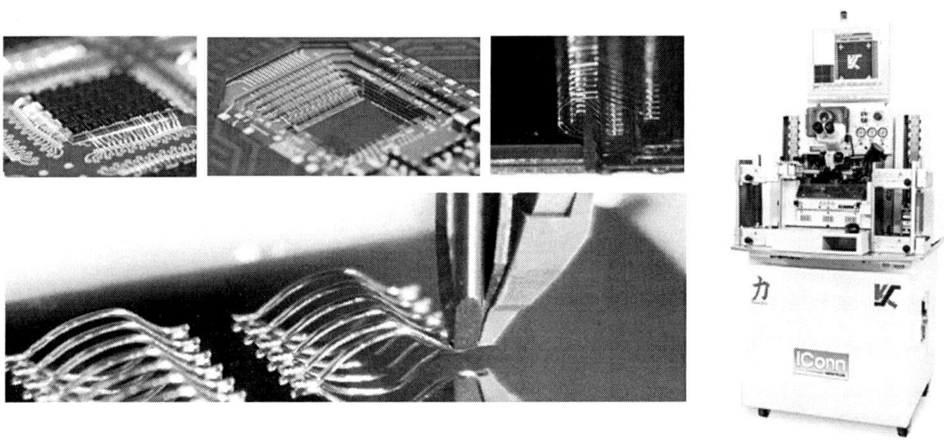

그림 3-35 여러 형태의 와이어 본딩과 와이어 본딩 장비

[1] 와이어 본딩 공정

와이어 공정은 여러 단계로 나뉘며, 각 단계에서 정밀하고 안정적인 작업이 필요합니다.

첫 본딩 시작 단계에서는 스타트 캐필러리의 끝부분이 중요합니다. 와이어의 끝은 볼 모양으로 형성되어야 하며, 이 볼 모양은 FAB(Free Air Ball)라고 불립니다. FAB는 캐필러리 끝에서 발생하며 크기와 형상은 항상 일관성을 가져야 합니다.

두 번째 본딩 이전에는 tail 길이와 EFO(Electronic Flame-Off)가 규칙적으로 형성되어야 합니다. 이후, tensioner는 FAB를 캐필러리 중앙에 위치시켜 볼의 대칭적인 형상을 유지하게 합니다. 이 과정에서 문제가 발생하면 'golf club ball bond'와 같은 비대칭 형상이 나타날 수 있습니다.

캐필러리 하강 단계에서는 클램퍼가 열린 상태에서 캐필러리가 서치 레벨에서 시작하여 패드 표면까지 내려가게 됩니다. 서치 속도로 점차 감속하며 FAB는 칩의 중앙에 위치하게 되고, 이후에는 하중 본딩이 진행됩니다.

1차 본딩 단계에서는 볼과 패드면이 서로 접촉하며 가열, 하중 본딩, 그리고 초음파 진동이 이루어집니다. 이때 볼은 캐필러리의 챔퍼 형상에 맞게 형성되어 패드와 와이어가 연결됩니다.

다음으로 역방향 이동에서는 와이어 루프를 형성하기 위해 캐필러리가 상승하며 역방향으로 이동합니다. 이 루프는 2차 본딩을 위한 이동에 사용됩니다.

최상 지점 이동 단계에서는 캐필러리가 최상의 위치로 이동하며, 클램퍼는 닫힌 상태를 유지하면서 X축, Y축, Z축 테이블이 동시에 움직여 캐필러리를 리드 위치까지 이동시킵니다.

2차 본딩 단계에서는 캐필러리가 2차 본딩 지점으로 이동하여 히트 블록에 의한 가열, 하중, 그리고 초음파 진동이 함께 이루어집니다.

테일 길이 단계에서는 캐필러리가 더 상승하여 미리 설정된 테일 길이에 도달하면 클램퍼가 닫히게 되고, 와이어 컷 단계에서는 클램퍼가 닫힌 상태에서 캐필러리가 더 상승하여 와이어가 절단됩니다.

마지막으로 와이어 본딩 사이클 종료에서는 이 모든 과정이 완료되며, X축과 Y축 테이블이 이동하여 다음 동작을 위한 준비를 합니다.

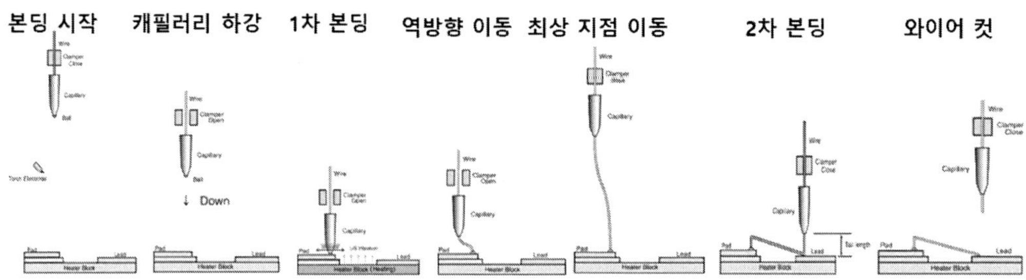

그림 3-36 와이어 본딩 공정

[2] 와이어 본딩 최적화

와이어 본딩 공정의 최적화는 반도체 제조과정에서 핵심적인 역할을 합니다. 이 공정의 성공 여부는 반도체의 성능, 신뢰성 및 수명에 직접적인 영향을 미치기 때문에 품질 제어와 안정성 확보가 중요한 과제로 부각됩니다.

우선, 볼 본딩과 웨지 본딩의 품질 제어가 공정의 핵심입니다. 볼 본딩에서는 Upper Specification Limit(USL)과 Lower Specification Limit(LSL)과 같은 기본 스펙을 설정하는 것이 중요합니다. 이러한 스펙 설정은 볼의 평균 높이, 지름, 전단 응력을 통제하여 와이어 본딩의 안정성을 유지하고 결함 발생 가능성을 최소화합니다.

웨지 본딩의 경우에도 LSL을 설정하고, 더불어 stitch 본딩 강도의 평균값을 설정하는 것이 필요합니다. 이는 와이어 본딩의 안정성과 결합률을 통제하며, 품질의 전반적인 향상에 기여합니다.

또한, FAB(Free Air Ball)의 최적화는 볼 본딩 인자와 높이에 따라 결정됩니다. FAB의 크기와 형태는 와이어 본딩의 성공률에 큰 영향을 미치기 때문에 정확한 제어가 필요합니다. 이에 따라 EFO(Electronic Flame-Off)도 결정되며, 이는 와이어 본딩의 성공률에 큰 영향을 미칩니다.

최적화 과정에서는 실제 제품에서의 테스트와 피드백이 반복되어야 합니다. 제품의 실제 특성을 고려하여 조건을 최적화하고, 품질을 개선하는 데 중점을 둬야 합니다. 또한, 기술 발전과 연구를 통해 더욱 향상된 본딩 기술을 개발하는 것이 필요합니다.

마지막으로, 와이어 본딩의 최적화는 단순히 기계와 재료의 최적 조건을 찾는 것이 아니며, 기술자와 엔지니어의 교육과 훈련이 필수적입니다. 최적화된 기술과 재료를 사용하더라도, 훈련을 받지 않은 전문가가 공정을 운영한다면 품질을 보장할 수 없습니다. 따라서 교육과 훈련은 와이어 본딩 최적화의 중요한 부분이며, 품질과 안정성을 유지하는 데 큰 역할을 합니다.

[3] 와이어 본딩 불량

와이어 본딩에서 발생하는 다양한 불량 현상에 대해 알아보겠습니다. 첫 번째로 살펴볼 불량 현상은 **비대칭 볼 본딩**입니다. 이 문제가 발생할 때 확인해야 할 원인 중 하나는 와이어 패스(Wire Path)입니다. 패스(Path)가 깨끗하지 않으면 볼이 제대로 형성되지 않을 수 있습니다. 와이어 자체에 오염이나 크기 설정의 문제, 낡거나 손상된 캐필러리, 또는 잘못된 종류의 캐필러리 사용도 이러한 불량을 유발할 수 있습니다. 와이어 패스와 클램프의 청소, 올바른 크기와 상태의 와이어 및 캐필러리 교체 등의 작업이 이 문제를 해결하는 데 도움이 됩니다.

그림 3-37 공정불량; 비대칭 볼 본딩

두 번째로 언급할 불량 현상은 Non Stick of ball on bond Pad입니다. 이는 볼이 패드에 제대로 붙지 않는 상황을 나타냅니다. 이러한 문제는 본딩과 관련된 에너지가 부족하거나 패드의 오염 때문에 발생할 수 있습니다. 초음파 설정이나 본딩 파라미터 등이 적절하지 않을 때 이 문제가 발생할 수 있습니다. 캐필러리와 작업 표면 간의 접촉이 제대로 이루어지지 않거나, 본딩하는 위치의 온도가 적절하지 않은 경우에도 Non Stick 불량이 발생할 수 있습니다. 이 문제를 해결하기 위해서는 USG 보정, 캐필러리 클램프 나사의 토크 확인, 변환기의 확인, 그리고 온도 및 본딩 힘 설정 등이 필요합니다.

세 번째로 다룰 불량 현상은 Non Stick of 2nd on bond Pad입니다. 이는 두 번째 본딩이 패드에 붙지 않는 상황을 의미합니다. 주로 클램핑 문제, 캐필러리 오염, 리드 오염 등의 원인으로 발생할 수 있습니다. 초음파 설정이나 본딩 파라미터 등이 적절하지 않은 경우, 캐필러리와 작업 표면 간의 접촉이 부족한 경우에도 이런 불량이 나타날 수 있습니다. 해결을 위해서는 USG 보정, 캐필러리 클램프 나사의 토크 확인, 변환기의 확인, 그리고 온도 및 본딩 힘 설정 등이 필요합니다.

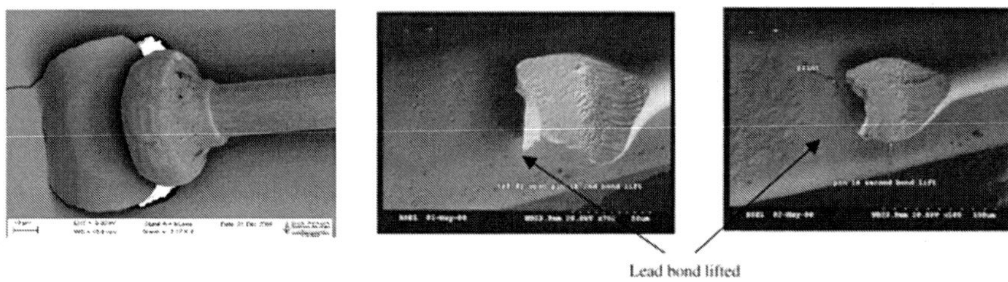

그림 3-38 공정불량; 볼 리프트와 스티치 리프트

다음은 **볼 쇼트 불량**입니다. 볼 쇼트(Ball short) 불량은 본딩 조건이 너무 높게 설정되면 발생할 수 있는 문제로, 볼이 변형되거나 스티치 조건이 불안정해져서 발생할 수 있으며, 초음파 및 힘 설정, 볼 또는 와이어의 크기 설정, 본딩 힘 보정 등이 적절하지 않을 때 발생할 수 있습니다. 또한 다이의 높이 변화로 인한 조기 충격 등의 이유로도 발생할 수 있습니다. 이러한 문제를 해결하기 위해서는 초음파 및 본딩 힘의 출력을 조절하거나, 볼 또는 와이어의 크기를 적절히 설정하는 것이 필요하며, 본딩 힘을 보정하고 본딩 높이를 재학습하는 작업도 필요합니다.

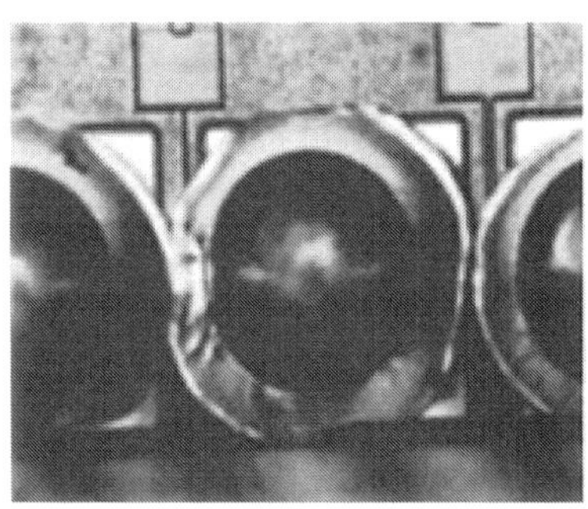

그림 3-39 공정불량; 볼 쇼트

또 다른 불량 현상은 **볼 변형**입니다. 이는 금 와이어의 부적절한 특성, FATB 크기의 문제, 또는 본딩 조건의 문제로 발생할 수 있고, 초음파 및 힘 설정, 볼 또는 와이어의 크기 설정, 본딩 힘 보정 등이 적절하지 않을 때 발생할 수 있습니다. 또한 다이의 높이 변화로 인한 조기 충격 등의 이유로도 발생할 수 있습니다. 이를 해결하기 위해서는 초음파 및 힘의 설정을 조절하고, 볼 또는 와이어의 크기를 적절히 설정하는 것이 필요하며, 본딩 힘을 보정하고 본딩 높이를 재학습하는 작업도 필요합니다.

그림 3-40 공정불량; 볼 변형

와이어 처짐(Wire Sagging) **불량**은 루프 조건의 문제나 핸들링 문제로 발생할 수 있습니다. 두 번째 본딩 위치가 리드의 끝에 너무 가까울 경우, 루프에 와이어가 너무 많을 경우, 와이어 크기가 잘못 설정되었거나, 본딩 높이가 제대로 설정되지 않았을 때 이런 문제가 발생할 수 있습니다. 이를 해결하기 위해서는 루프 파라미터를 조절하거나, 두 번째 본딩 위치를 재설정하는 것이 필요합니다. 올바른 크기의 와이어를 사용하거나 적절한 캐필러리를 설치하고, 본딩 높이를 재학습하는 것도 중요합니다.

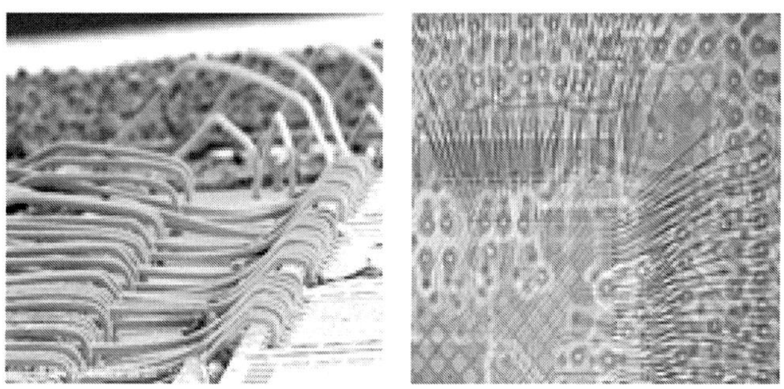

그림 3-41 공정불량; 와이어 처짐

와이어 끊어짐 불량은 루프 파라미터의 문제나, 부주의한 핸들링 때문에 발생할 수 있습니다. 루프 파라미터 설정이 잘못되었거나, 와이어 길이가 부족하거나 또는 매듭 높이가 너무 낮으면 이런 문제가 발생할 수 있습니다. 이를 해결하기 위해서는 루프 파라미터를 조절하거나, 매듭 높이를 증가시키는 것이 필요합니다.

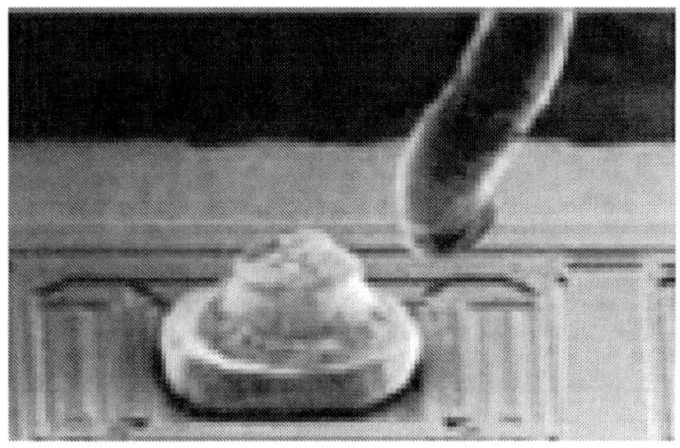

그림 3-42 공정불량; 끊어짐

크레이터링 불량(Cratering Fail)은 본딩 패드 아래에서 발생하는 크레이터로, 본딩 조건 때문에 발생할 수 있습니다. 패드 메탈이 너무 얇을 때 주로 발생하며, 초음파 및 힘 설정, 본딩 힘 보정, 재료 선택 등이 적절하지 않을 때 발생할 수 있습니다. 이를 해결하기 위해서는 초음파 및 힘 설정을 조절하고, 본딩 힘을 보정하며 올바른 재료를 선택하는 것이 중요합니다.

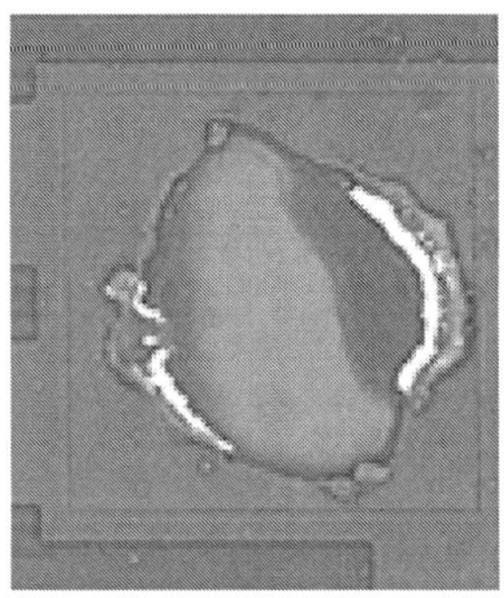

그림 3-43 공정불량; 크레이터링

마지막으로 다룰 불량 현상은 **잘못된 본딩**(Wrong Bonding)입니다. 이 불량은 지정된 위치가 아닌 다른 위치에서 본딩이 발생할 때 나타납니다. 이러한 문제는 사용자의 실수, 장비의 보정 오류, 기계적 결함 등이 원인으로 작용할 수 있습니다.

첫 번째로 살펴볼 원인은 사용자의 실수입니다. 작업 중에 실수로 잘못된 위치에 와이어를 본딩하는 경우가 있을 수 있습니다. 이는 사용자 교육의 부재나 부족, 또는 피로로 인해 발생할 수 있습니다. 사용자 교육을 강화하고 안전 절차를 잘 숙지하도록 유도함으로써 이러한 문제를 예방할 수 있습니다.

두 번째로, 장비의 보정 오류가 잘못된 본딩을 유발할 수 있습니다. 와이어 본딩 장비는 정밀한 보정이 필요한데, 이러한 보정이 제대로 이루어지지 않으면 지정된 위치가 아닌 다른 위치에 본딩이 발생할 수 있습니다. 정기적인 보정 및 유지보수를 통해 장비의 정확성을 유지하는 것이 중요합니다.

마지막으로, 기계적 결함도 잘못된 본딩의 원인이 될 수 있습니다. 장비의 부품이 손상되거나 정확한 위치로 이동하지 않는 경우에는 본딩이 지정된 위치가 아닌 다른 곳에서 발생할 수 있습니다. 이를 해결하기 위해서는 정기적인 기계적 검사와 유지보수가 필요합니다. 필요에 따라 부품을 교체하고, 정확한 움직임을 보장하기 위해 기계 구성 요소를 조정하는 것이 중요합니다.

문제 해결을 위해 먼저 BD 다이어그램을 확인하는 것이 좋습니다. 다이어그램을 통해 어디서 문제가 발생했는지 정확하게 파악할 수 있습니다. 이후에는 장비를 재보정하고 정확한 위치로 이동하도록 보장하는 것이 필요합니다.

또한, 사용자 교육의 강화도 중요합니다. 사용자가 정확한 프로시저를 숙지하고 안전 절차를 준수하도록 유도하는 것은 실수를 방지하는 데 도움이 됩니다. 필요한 경우, 추가 교육이나 재교육 프로그램을 도입하여 사용자의 능력을 향상하는 것이 필요합니다.

마지막으로, 결함이 있는 부품은 정기적으로 점검하고 교체해야 합니다. 부품의 손상은 잘못된 본딩과 연관이 있을 수 있으므로 이를 미리 감지하고 교체함으로써 제조 공정의 안정성을 유지할 수 있습니다.

3.5 몰딩

[1] 몰딩의 정의

반도체의 민감한 구조와 그 소자들이 외부 환경으로부터 보호되어야 한다는 점을 고려해야 합니다. 와이어 본딩을 통해 반도체 칩이 제작되고 나면, 이들을 외부 요인으로부터 보호하고 안정성을 확보하기 위한 것이 몰딩 공정입니다.

반도체를 밀봉하는 방법 중 **몰딩 방식**은 주로 Epoxy Molding Compound(EMC)을 사용하여 반도체를 밀봉합니다. 이 방법은 비용 효율성과 대량 생산에 적합하여 일반적으로 많이 사용되는 방식 중 하나입니다. 그러나 몰딩 방식은 작은 기포(Void)에 상대적으로 취약하다는 단점이 있습니다.

반면 **허메틱 방식**은 세라믹이나 금속으로 반도체를 밀봉합니다. 이 방식은 내구성이 뛰어나지만 그만큼의 높은 비용이 발생하는 특징이 있습니다.

몰딩 방법 중에서도 **트랜스퍼 몰딩**은 특정 물질인 Epoxy Molding Compound(EMC)을 금형 내부로 주입하는 방식입니다. 이 방법은 대량 생산에 특히 효과적이며, 다양한 반도체 제품에 사용됩니다. EMC는 펠릿 형태로 존재하며, 금형 내부로 주입되어 반도체를 보호합니다.

다음으로 **콤프레션 몰딩**(Compression Molding)은 분말 또는 과립 형태의 EMC를 금형에 직접 넣어 사용하는 방식입니다. 이 방식은 특히 Multi Chip Package(MCP)와 같이 여러 개의 칩이 쌓여 있는 구조에 적합하며, 정밀한 패키지 형태를 얻을 수 있습니다.

또 다른 방법인 **액상 몰드**(Liquid Molding)는 수지를 웨이퍼나 패키지에 직접 주입하는 방식입니다. 고성능 반도체 패키지의 경우 미세한 구조나 디테일이 중요하므로, 이 방식이 적합합니다. 정밀도가 요구되는 경우에 활용될 수 있습니다.

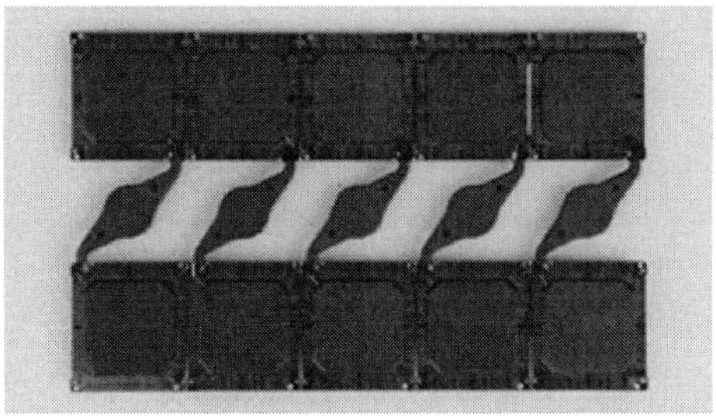

몰딩 (Molding) 방식

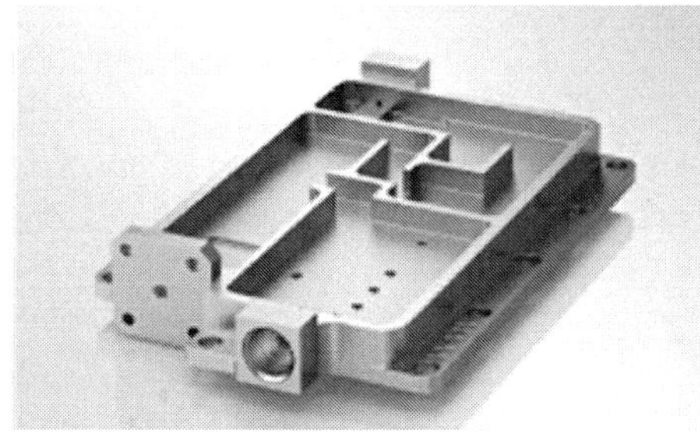

허메틱 (Hermetic) 방식

그림 3-44 반도체 밀봉 방식

[2] 몰딩의 종류

① 트랜스퍼 몰딩

트랜스퍼 몰딩 공정은 여러 단계로 이루어져 있으며, 각 단계는 제품의 안정성과 품질에 큰 영향을 미칩니다. 이제 이러한 단계들에 대해 자세히 알아보겠습니다.

첫 번째로, 트랜스퍼 몰딩 공정에서는 기판과 EMC를 로딩하는 과정이 진행됩니다. 기판은 이미 와이어 본딩이 완료된 상태로, 반도체 칩이 부착된 기반이며, 이 기판 위에 나중에 몰딩될 제품이 위치하게 됩니다. 다음으로는 Epoxy Molding Compound(EMC)를 로딩하는데, 이것은 나중에 금형 내부로 주입될 열경화성 수지입니다.

EMC는 주입하기 전에 적절한 유동성을 가져야 하므로, 녹는점에 도달하도록 예열됩니다. 이 단계에서의 수지의 상태가 후속 단계에서의 품질과 안정성에 큰 영향을 미치게 됩니다. 다음 단계는 금형을 닫는 것입니다. 고정밀 금형은 완벽하게 맞아야 하며, 이는 후에 제품의 불량을 방지하기 위한 중요한 단계입니다. 올바른 금형 조작이 이루어지지 않으면 제품의 품질에 영향을 미칠 수 있습니다.

이제 가장 핵심적인 EMC 주입 단계로 넘어갑니다. 예열된 EMC가 금형 안으로 주입되며, 이때 EMC는 고르게 퍼져서 제품의 모든 부분을 완벽하게 덮어야 합니다. 이는 제품의 균일성과 외관에 영향을 미치게 됩니다. 주입된 EMC는 이제 경화 과정을 거치게 됩니다. 이때, 금형 내부의 온도와 압력 조건은 매우 중요하며, 이러한 조건들이 제품의 내구성과 품질에 큰 영향을 미칩니다. 이 과정에서 정확한 온도와 압력을 유지하는 것이 핵심입니다.

마지막으로, 몰딩된 기판은 금형에서 분리되어 언로딩이 이루어집니다.

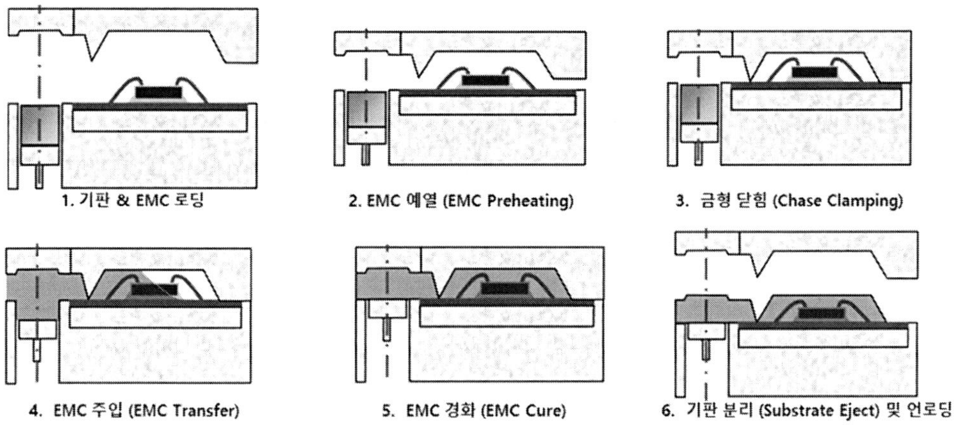

그림 3-45 트랜스퍼 몰딩 공정

② 컴프레션 몰딩

컴프레션 몰딩(Compression Molding)은 반도체 패키징의 한 형태로서, 그 각 단계는 정밀하게 조절되어야 하며, 이를 통해 안정적이고 높은 품질의 반도체 제품을 얻을 수 있습니다. 이제 컴프레션 몰딩 공정의 각 단계를 자세히 알아보겠습니다.

첫 번째로, 컴프레션 몰딩을 시작하기 전에 반도체 칩의 부피를 정확하게 측정해야 합니다. 왜냐하면, 이 부피에 따라 필요한 수지의 양이 결정되기 때문입니다. 최신의 고도 센서 기술을 활용하여 칩의 3차원 구조를 정밀하게 측정하게 됩니다. 이 정보는 후속 과정에서 수지를 효율적으로 사용할 수 있도록 도와줍니다.

다음으로, 완료된 와이어 본딩이 된 기판을 몰딩 장비 안에 정확하게 위치시킵니다. 이때 자동화된 로더를 사용하여 기판을 손상 없이 정밀하게 위치시킬 수 있습니다. 기판의 정확한 위치는 패키징의 정밀성과 안정성에 영향을 미치게 됩니다. 이후, EMC를 과립 형태로 사용하여 금형에 직접 로딩하는 단계입니다. 앞서 스캔한 칩의 부피를 기반으로 정확한 양의 EMC를 준비합니다. 이로써 기판과 EMC가 정확하게 준비되면, 컴프레션 몰딩 공정을 시작할 수 있습니다. 컴프레션 몰딩은 금형을 사용하여 기판과 EMC를 압착하여 성형하는 역할을 합니다. 금형은 고정밀하게 디자인되어 있어야 하며, 이 단계에서의 정밀성은 제품의 최종 품질에 큰 영향을 미칩니다.

다음으로, 압력과 열을 공급하여 EMC를 경화시키는 단계입니다. 이 과정에서 EMC는 반도체 칩 주변을 둘러싸면서 고체 형태로 변합니다. 이로써 반도체 칩은 견고하게 보호됩니다. 마지막으로, 완성된 패키지를 금형에서 분리하는 단계입니다. 고성능의 이젝터를 사용하여 몰딩된 기판을 안전하게 분리하고, 제품 검사를 위해 다음 단계로 이동하게 됩니다.

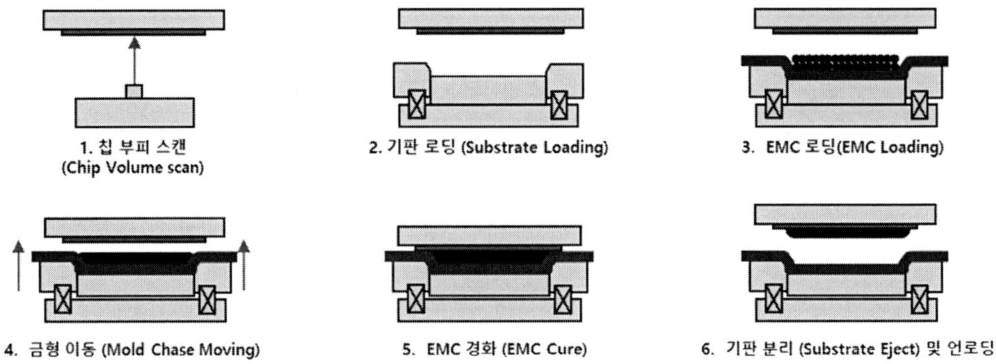

그림 3-46 컴프레션 몰딩 공정

3.6 마킹

[1] 마킹의 정의

반도체 패키지 표면에 다양한 정보를 기록하는 공정으로 정의됩니다. 이 정보는 단순히 제품의 식별을 넘어서 제품의 핵심 정보를 담고 있습니다. 회사명, 제품명, 규격과 같은 핵심 정보뿐만 아니라 제조일자, 추가적인 생산 정보 등이 기록되어 있습니다.

마킹 공정의 목적은 크게 두 가지로 나뉩니다. 먼저 고객 및 최종 사용자를 위한 목적으로서, 제품 사용과 유지관리에 필요한 정보를 제공합니다. 이를 통해 제품을 더 효율적으로 사용하고 유지할 수 있도록 돕습니다. 둘째, 제품의 품질 관리와 관련이 있어 제품에서 품질 문제가 발생하면 해당 제품의 생산 이력을 쉽게 추적할 수 있게 됩니다. 이는 불량 제품에 대한 신속한 대응과 향후 문제 예방에 큰 도움이 됩니다.

마킹 정보의 구체적인 내용을 살펴보면, 먼저 고객사 로고는 제품의 출처를 대표하고 품질을 보증하는 역할을 합니다. 또한, 각 반도체 소자는 고유의 특성 번호를 가지고 있어 제품의 특성과 성능을 손쉽게 파악할 수 있습니다. 웨이퍼 제작 시 사용되는 로트 번호는 제품의 생산 과정에서 중요한 정보로 활용되며, 특정 웨이퍼의 특징이나 품질 상태를 판단하는 데 사용됩니다. 뿐만 아니라, 제작 장소 정보는 글로벌한 반도체 공급망 관리에 필수적이며, 제품의 제작 국가 및 지역을 알 수 있습니다. 마지막으로 제품 제작 날짜는 제품의 신선도와 수명을 판단하는 데 중요한 지표로 활용됩니다.

그림 3-47 반도체 마킹

[2] 마킹의 종류

① 레이저 마킹

레이저 마킹은 반도체 산업에서 사용되는 효과적인 마킹 공정 중 하나로, 레이저 빔을 활용하여 반도체 패키지 표면에 정보를 인쇄하는 방식입니다. 이 과정에서 레이저 헤드에서 방출되는 레이저 빔이 패키지 표면을 직접 태워 음각의 활자를 구현합니다. 이 빠른 공정은 대량 생산에 높은 생산성을 제공하며, 높은 정밀성과 편리성을 제공하여 작업자에게 편리함을 제공합니다.

레이저 마킹의 가장 큰 장점 중 하나는 그 인쇄가 매우 영구적이라는 것입니다. 기존의 인쇄 방식과 달리 레이저로 인쇄된 정보는 지워지거나 변색되지 않습니다. 레이저의 정밀성 덕분에 아주 작은 문자도 선명하게 인쇄할 수 있습니다. 이는 빠른 속도로 대량의 제품에 마킹을 할 수 있어 생산 효율성이 높아지는 데 큰 도움이 됩니다. 또한, 마킹 후의 표면은 깨끗하며, 마킹 자체에 대한 신뢰성이 매우 높습니다.

그러나 이러한 장점에도 불구하고 몇 가지 단점이 존재합니다. 레이저 마킹 장비의 초기 설비 투자 비용이 다른 방식보다 비교적 높습니다. 또한, 한 번 마킹된 정보는 재작업이 불가능하므로 오류 시 수정이 어렵다는 점이 있습니다.

레이저 마킹의 핵심은 레이저 광을 패키지 표면에 집중시켜 표면의 탄소를 연소시키거나 금속 표면을 용융시켜 문자나 그래픽의 콘트라스트를 만드는 것에 있습니다. 이를 실현하기 위한 여러 종류의 레이저가 있습니다. CO_2 레이저는 비용이 낮고 소형화가 가능하지만, 미세 문자의 형성이 어려우며 표면 상태가 좋지 않을 수 있습니다. YAG 레이저는 실리콘 재질에 직접 마킹이 가능하며, 레이저 다이오드의 사용이 증가하고 있습니다. 이는 정밀한 레이저 제어를 요구하며, 안정성과 에너지 조절이 중요하게 여겨집니다.

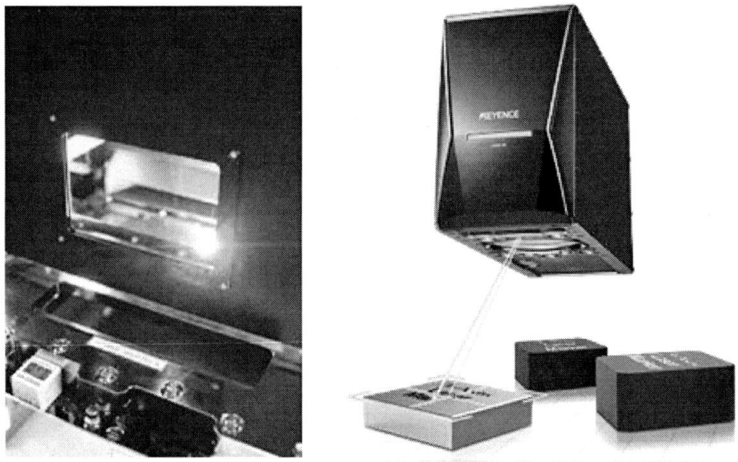

그림 3-48 레이저 마킹

② 스탬프 마킹

다양한 마킹 방법 중에서도 **잉크 마킹**은 오랜 전통을 자랑하는 방식 중 하나로, 특정 색상의 잉크를 사용하여 패키지 표면에 균일하게 전사하여 정보를 인쇄하는 과정으로 이루어집니다.

스탬프 마킹은 스퀴지 도구를 활용하여 액상 잉크를 인쇄 활자에 새겨진 스크린에 도포하는 방식으로, 스크린에 도포된 잉크 패턴은 러버 패드를 사용하여 패키지 표면에 전사됩니다. 이 방식은 간단하면서도 빠른 마킹이 가능하며, 복잡한 장비나 과정 없이도 효율적으로 작업할 수 있는 장점이 있습니다. 또한, 필요에 따라 스탬프만 교체하여 정보를 변경할 수 있어 유연성이 큽니다. 그러나 내구성이 낮아 환경적 요인에 따라 잉크가 흐르거나 빠질 수 있는 단점이 있으며, 매우 작거나 복잡한 디자인의 마킹에는 적합하지 않습니다. 또한, 사용되는 잉크와 패키지 재료 간의 상호 작용에 대한 주의가 필요합니다.

초기의 반도체 패키지는 스탬프 마킹 방식을 사용했지만, 현대에는 보다 정밀한 방법인 레이저 마킹이나 잉크젯 마킹이 선호되고 있습니다. 그러나 특정 상황에서는 여전히 스탬프 마킹이 활용되고 있습니다.

잉크 러버 패드

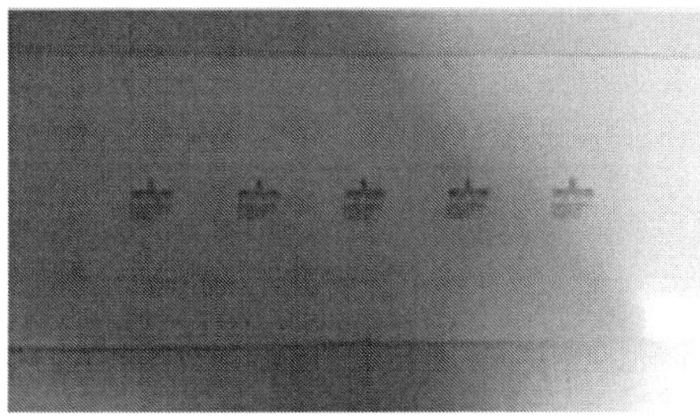

잉크 마킹 플레이트

그림 3-49 스탬프 마킹

③ 잉크젯 마킹

잉크젯 마킹은 미립자 형태의 잉크를 사용하여 제품의 표면에 정보나 코드를 직접 인쇄하는 기법으로, 반도체 패키지뿐만 아니라 다양한 산업 분야에서 널리 사용되고 있습니다. 잉크젯 마킹은 빠른 속도와 다양한 정보의 인쇄가 가능한 장점이 있습니다. 또한, 다양한 표면 및 재질에 대응 가능하며, 제품에 직접 접촉하지 않는 비접촉 방식을 사용하기 때문에 제품의 손상 위험이 적습니다. 환경적인 측면에서도 솔벤트 사용이 감소하여 친환경적입니다. 그러나 내구성이 낮을 수 있고 정밀도가 떨어질 수 있으며, 잉크의 건조 공정과 세정 과정이 필요한 단점이 있습니다.

실제 적용 예를 보면, 잉크젯 마킹은 회사명, 제품명, 제조 일자 등의 기본 정보를 인쇄하여 제품의 추적성, 품질, 및 재고 관리에 사용되고 있습니다. 이처럼 다양한 마킹 방법은 제조업에서 효과적인 생산 및 품질 관리를 위한 필수적인 도구로 활용되고 있습니다.

그림 3-50 잉크젯 마킹

[3] 레이저 마킹 파라미터

레이저 마킹을 효율적으로 진행하기 위해서는 다양한 파라미터와 이에 따른 개념들을 깊게 이해하는 것이 필수적입니다. 이러한 파라미터들은 레이저를 사용하여 패턴이나 형상을 생성할 때 핵심적인 역할을 수행합니다.

먼저, X와 Y 스캔의 원리에 대해 알아보면 2개의 스캐너를 사용하여 평면상의 한 지점을 정밀하게 위치시키는 것으로, 2축 스캐닝을 통해 레이저가 On/Off 상태를 조절하여 특정 형태나 패턴을 만들어냅니다. 이러한 작동 원리는 우리가 흔히 볼 수 있는 Plotter의 동작과 유사하며, 정밀한 위치 조절이 가능하도록 하는 핵심적인 요소입니다.

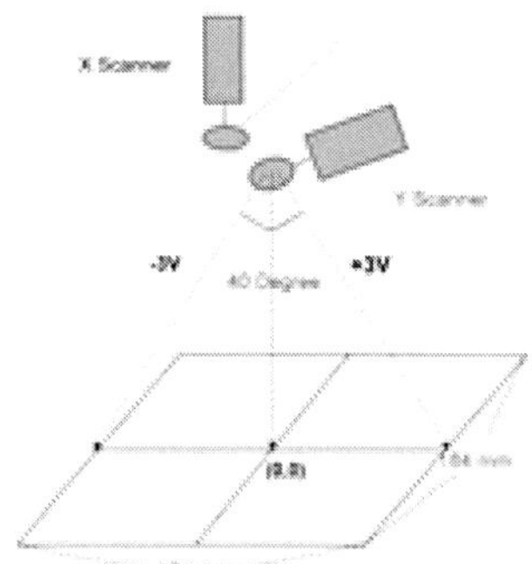

그림 3-51 레이저 마킹 스캐너 개념도

다음으로, 벡터에 대한 이해가 필요합니다. 벡터는 방향과 크기를 가진 선분을 의미하며, 마킹 작업에서는 여러 서브 카테고리로 나눌 수 있습니다. 이 중 마킹 벡터와 점프 벡터 그리고 라인이 주요 벡터입니다. 마킹 벡터는 레이저가 특정 시작점에서 On 상태로 마킹을 시작하고, 끝점에서 Off 상태로 마치는 경우에 사용되며, 점프 벡터는 스캐너가 움직이지만 실제로 레이저로 마킹이 되지 않는 경우입니다. 라인은 연속된 마킹 벡터들로 이루어진 선을 나타냅니다.

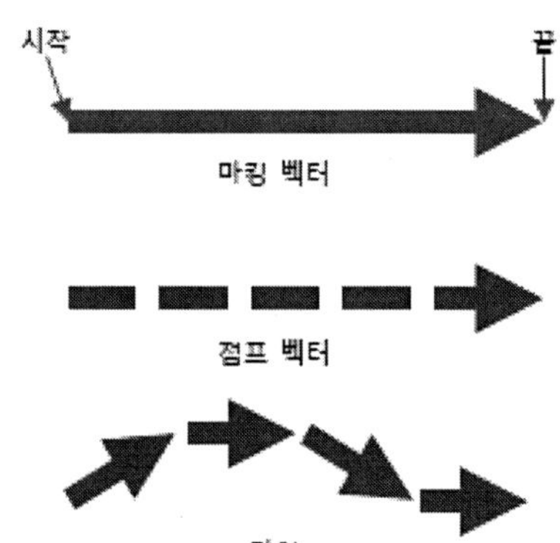

그림 3-52 벡터 개념도

또한, 레이저 마킹에서 사용되는 다양한 단위들에 대한 이해가 필요합니다. LSB, mm, inch, mil, sec, point 등이 주로 사용되며, 특히 LSB는 디지털 단위로 레이저 마킹에서 중요하게 활용됩니다. Point는 글자의 크기를 측정하는 단위로, 1Point는 대략 0.35mm에 해당합니다.

이러한 파라미터와 단위들은 레이저 마킹 과정에서 정밀한 조절이 필요한 중요한 개념들입니다. 특히, 마킹 프로세스의 시작과 종료에 대한 레이저의 반응 지연은 파라미터 설정에서 중요한 역할을 합니다. 온 딜레이와 오프 딜레이는 레이저의 작동과 정지 시점을 정밀하게 설정하는 데 사용되며, 이러한 설정이 마킹의 품질과 깊이에 큰 영향을 미칩니다.

스캐너와 레이저의 파라미터도 레이저 마킹 과정에서 핵심적인 부분을 담당합니다. 스캐너 파라미터는 스캐너의 움직임을 정밀하게 조절하며, 스캐닝의 속도와도 밀접한 관련이 있습니다. 드로우 스텝, 점프 스텝, 스텝 피리어드, 코너 딜레이, 점프 딜레이, 라인 딜레이 등이 스캐너 파라미터에 해당하며, 이러한 설정들은 마킹의 세밀한 특성을 결정짓습니다.

한편, 레이저 파라미터는 레이저의 동작 상태와 관련이 있습니다. 레이저 온/오프 딜레이는 레이저의 작동과 정지 시점을 조절하며, 램프 파워는 레이저의 출력 강도를 결정짓습니다. 이러한 레이저 파라미터의 조절은 마킹의 깊이와 품질에 큰 영향을 미치게 됩니다.

마지막으로, 중첩된 레이저 빔은 스캐닝의 속도와 Q-스위치의 진동수에 따라 조절됩니다. 스캐닝 스피드와 Q 스위치 진동수는 레이저 빔 간의 간격을 결정하므로, 이 두 파라미터의 최적화가 빔의 정밀성과 품질에 큰 영향을 미칩니다.

레이저 마킹의 과정에서 이러한 파라미터들의 최적화는 제품의 품질, 성능, 및 생산성을 결정짓게 됩니다. 드로우 스텝, 점프 스텝, 스텝 피리어드, 코너 딜레이, 점프 딜레이, 라인 딜레이 그리고 레이저의 온/오프 딜레이와 램프 파워 등을 조절하여 원하는 마킹 결과를 얻기 위한 최적의 설정값을 찾는 것이 중요합니다.

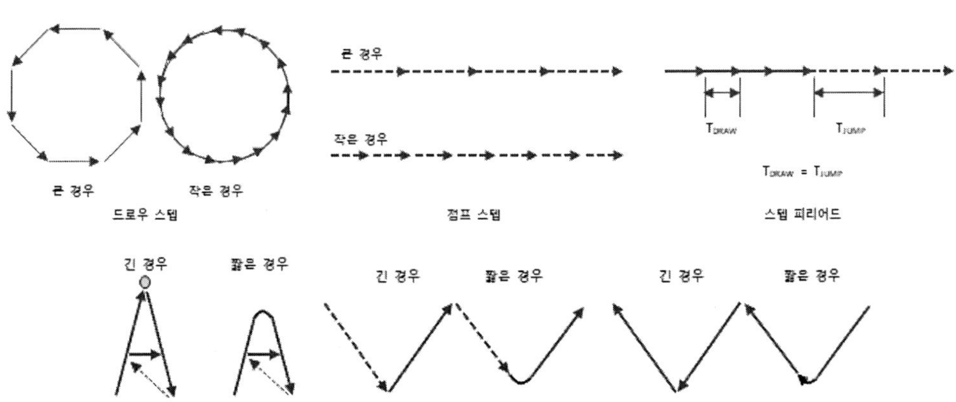

그림 3-53 마킹 파라미터 개념도

[4] 마킹 불량

마킹 공정에서 발생하는 불량은 제품의 가치를 하락시키고, 고객 만족도에 직접적인 영향을 미침으로써 공정 품질 관리의 핵심적인 요소로 여겨집니다. 각종 불량은 제품의 표면에 마킹이 부적절하게 이루어짐으로써 정보 전달 및 품질에 문제를 초래할 수 있습니다.

불량 중에서 가장 심각한 것은 **인쇄 안 됨**입니다. 이는 패키지 표면에 마킹이 전혀 되어 있지 않은 상황으로, 제품의 식별이나 추적이 어려워지므로 큰 문제가 될 수 있습니다. 특히 마킹이 제대로 이루어지지 않으면 제품의 안전성 및 품질에 대한 신뢰도가 떨어지게 되어 소비자의 신뢰를 상실할 수 있습니다.

역 인쇄는 패키지 표면에 인쇄된 문자나 이미지의 방향이 반대로 되어 있는 경우를 나타냅니다. 이는 사용자의 혼란을 초래할 뿐만 아니라 제품의 미 esthetics를 해치게 되어 고객의 만족도를 저하시킵니다.

활자 연결은 인쇄된 문자나 그림이 서로 붙어 있어 정확한 인식이 어려운 경우를 의미합니다. 이는 정보의 해석에 어려움을 줄 뿐만 아니라 제품의 미적인 측면에서도 문제를 야기할 수 있습니다.

인쇄 어긋남은 문자나 그림이 예상 위치에서 크게 벗어나 인쇄된 경우를 나타냅니다. 특히 10mil 이상 벗어난 경우에는 불량 처리의 대상이 되며, 이는 제품의 표면에 부정확한 정보가 전달될 가능성을 내포하고 있습니다.

인쇄 각도는 전체 인쇄물이 수평을 기준으로 크게 기울어져 있는 경우를 나타냅니다. 이 역시 불량 처리의 대상으로 고려되며, 인쇄물의 일관성을 저해하여 제품의 외관에 부정적인 영향을 미칩니다.

잘못된 인쇄는 제품에 표기되어야 할 내용과 다른 내용이 인쇄된 경우를 의미합니다. 이는 중대한 문제로 간주되어 제품의 사용자 혼란 및 잘못된 사용을 유도할 수 있습니다.

이중 인쇄는 같은 내용이 한 제품에 두 번 이상 반복되어 인쇄된 경우입니다. 이는 제품의 외관을 혼란스럽게 만들어 정보의 정확성과 신뢰성에 대한 의문을 키울 수 있습니다.

겹침 인쇄는 인쇄 내용이 중첩되어 두껍게 나타나거나 겹쳐 보이는 현상을 나타냅니다. 이는 제품의 외관을 혼란스럽게 만들어 마킹된 정보의 해석을 어렵게 할 수 있습니다.

활자 끊김은 인쇄된 문자나 숫자의 일부가 누락되어 제대로 읽히지 않는 경우를 의미합니다. 이는 제품의 표면에 부정확한 정보가 전달되어 제품의 품질과 성능에 영향을 미칠 수 있습니다.

인쇄 위치는 인쇄 내용이 정해진 위치에서 크게 벗어난 경우를 나타냅니다. 제품의 일관성 문제를 초래하여 마킹된 정보의 해석을 어렵게 할 수 있습니다.

베이 현상은 특정 문자나 숫자의 내부가 과도하게 채워져 읽기 어려운 현상을 나타냅니다. 이는 제품의 외관을 혼란스럽게 만들어 정보의 정확성과 신뢰성에 대한 의문을 키울 수 있습니다.

인쇄 잡음은 레이저 인쇄 과정에서 발생한 노이즈로 인해 원하지 않는 점이나 선이 생성된 경우입니다. 이는 제품의 표면에 불필요한 형상이 생기게 되어 제품의 외관을 손상시킬 수 있습니다.

인쇄 흐림은 인쇄물이 흐릿하게 나타나 정보의 인식이 어려운 경우를 의미합니다. 이는 제품의 표면에 불명확한 정보가 전달되어 제품의 사용자에게 혼란을 초래할 수 있습니다.

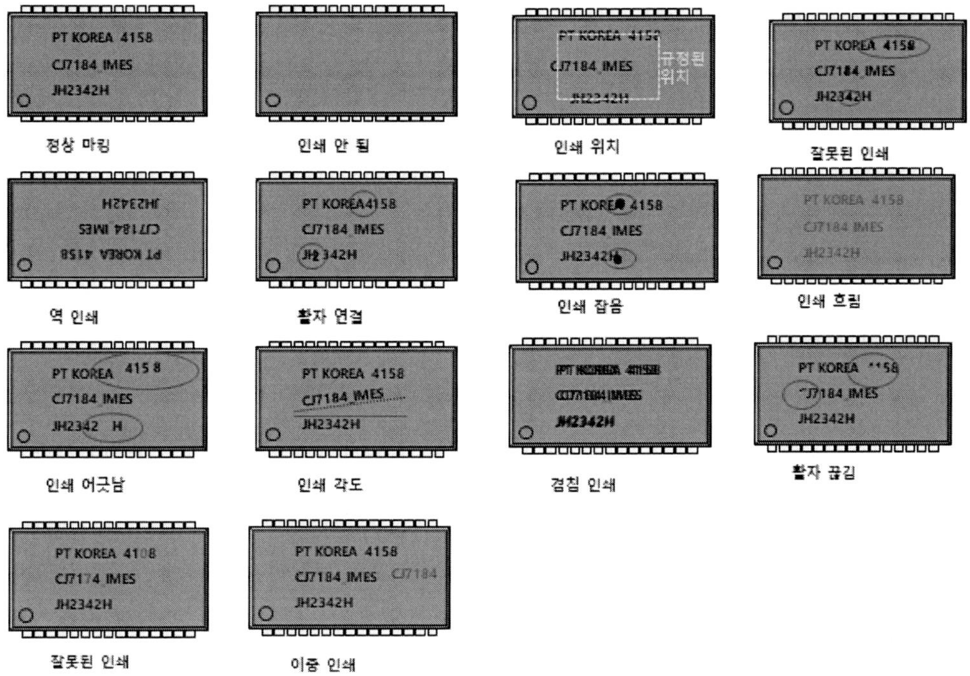

그림 3-54 마킹 불량

3.7 솔더볼 마운트

[1] 솔더볼 마운트의 정의

솔더볼 접합공정 또는 솔더볼 마운트라 불리는 이 공정은 반도체 제품 제조에서 중요한 역할을 하는데, 이는 반도체 칩과 보드 실장을 서로 연결하는 매개체로 사용됩니다. 이 과정은 기판에 솔더볼을 접합하는 작업으로, 패키지의 종류에 따라 다양한 연결 방식이 활용됩니다. BGA, CSP, FO-WLP와 같은 패키지들은 솔더볼을 사용하여 In/Out 단자를 형성하는 작업을 포함하며, 리드 프레임 패키지의 경우에는 리드프레임의 외관 단자를 이용하여 보드에 실장됩니다.

솔더볼 접합의 목적은 반도체 칩과 기판 간의 안정적이고 신뢰성 있는 전기적인 연결을 확보하는 것입니다. 이는 제품의 성능 및 신뢰성을 향상시키고, 전기적 신호 전달을 원활하게 하기 위한 중요한 단계입니다.

구체적인 솔더볼 접합 과정을 살펴보면, 먼저 금속 패드의 표면에는 플럭스를 도팅하는 과정이 진행됩니다. 이 단계를 플럭스 도팅(Flux Dotting)이라고 하며, 플럭스는 솔더의 용융을 도와 산화막을 제거하고 금속 패드와 솔더볼 간의 접합을 용이하게 합니다.

다음으로, 솔더볼이 플럭스가 도토되어 있는 위치에 정확하게 부착됩니다. 솔더볼은 작고 정밀한 구조로 구성되어 있으며, 이는 반도체 칩과 보드 간의 정밀한 접합을 가능하게 합니다.

이어서, 솔더볼이 부착된 위치를 용융점을 초과하는 온도로 가열합니다. 이는 솔더를 녹여서 금속 패드와 솔더볼 간에 우수한 접합을 형성하는 단계입니다. 솔더의 용융은 플럭스의 도움을 받아 산화막을 제거하고, 금속 패드에 안정적인 솔더 연결을 이루어내게 됩니다. 이 과정에서 솔더와 구리 사이에는 분자 간 확산이 발생하며, 이로써 Intermetallic Compound(IMC)가 형성됩니다. IMC는 강한 결합을 형성하여 안정적이고 신뢰성 있는 연결을 제공합니다.

마지막으로, 솔더볼 접합 작업에서 발생한 잔류 플럭스를 깔끔하게 제거함으로써 공정을 완료합니다. 이를 통해 깨끗한 표면을 유지하면서 솔더볼의 신뢰성을 높이게 됩니다.

솔더볼 접합은 반도체 칩과 보드 간의 신뢰성 있는 연결을 위해 필수적인 작업이며, 이를 위해서는 각 단계마다 정밀하고 철저한 작업이 필요합니다. 고도의 기술과 노하우가 필요한 이 작업은 전체 제조 과정에서 핵심적인 부분을 차지하며, 이를 통해 제품의 성능 및 신뢰성을 보장할 수 있습니다.

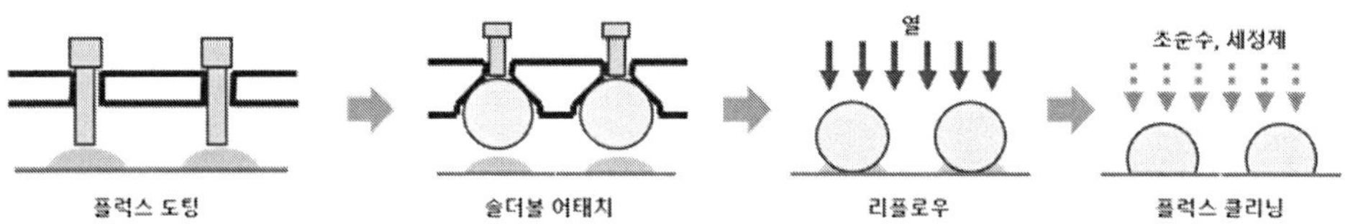

그림 3-55 솔더볼 마운트 공정 개념도

[2] 솔더볼 마운트의 원리

솔더볼 마운트의 공정 원리는 간단하면서도 상당히 효과적입니다. 이 과정은 패키지의 기판 위에 솔더볼이 정확한 위치에 부착되어 있고, 이 기판이 고온의 리플로우 퍼니스(Reflow furnace)를 통과함으로써 진행됩니다. 리플로우 퍼니스 내에서는 솔더볼이 용융되는 단계와 이어지는 냉각 단계가 순차적으로 진행됩니다. 이 과정 중에서 기판의 금속 패드와 솔더볼 사이에서는 금속 간의 결합이 형성되어 안정적인 솔더볼 마운트가 이루어지게 됩니다.

금속 접합의 메커니즘을 자세히 살펴보면, 먼저 솔더볼이 위치한 금속 패드의 상단이나 솔더볼 외곽에는 산화막이 형성될 수 있습니다. 이 산화막은 솔더와 금속 패드 사이의 금속 간 접합을 방해하는 요소로 작용합니다. 이러한 산화막을 제거하기 위해 플럭스가 사용됩니다. 플럭스는 산화막을 효과적으로 제거하면서 솔더와 금속 패드가 직접적으로 접촉할 수 있도록 도와줍니다.

플럭스의 도움을 받아 산화막이 제거된 후, 솔더와 금속 패드 간의 직접적인 접촉이 이루어집니다. 이 단계에서는 금속(특히 구리)와 솔더 사이에서 분자 간 확산이 발생합니다. 이 확산 과정에서 구리와 주석이 서로 확산되면서 Intermetallic Compound(IMC)가 형성됩니다. 이 IMC는 두 금속 간에 매우 강력한 결합을 형성하여 안정적이고 신뢰성 있는 솔더볼 마운트를 가능케 합니다.

이렇게 형성된 IMC는 솔더볼과 기판 사이의 결합을 강화하고, 이는 전자 제품에서 발생할 수 있는 환경 변화나 열 변화에도 높은 신뢰성을 제공합니다. 솔더볼 마운트의 이러한 공정은 반도체 제조 분야에서 핵심적인 기술로 인정받고 있으며, 이를 통해 안정적이고 품질 높은 제품을 생산하는 데 기여하고 있습니다.

그림 3-56 솔더볼 마운트의 원리

[3] 솔더볼 마운트 요소

① 솔더볼

마운트 공정은 반도체 제조에서 핵심적인 역할을 하는데, 이 중에서도 가장 중심적인 부분 중 하나가 **솔더볼**입니다. 이 작은 구성 요소는 크기에 비해 전기적 신호를 효과적으로 전달하는 역할을 수행하는데, 이에 대해 상세히 알아보겠습니다.

솔더볼은 BGA 패키지와 시스템 보드 간의 연결을 매개하는 역할을 합니다. 이 연결을 통해 전기적 신호가 무리 없이 전달되어 핵심적인 데이터 흐름을 담당합니다. 이러한 기능을 수행하기 위해서는 솔더볼의 정교한 구성과 특성이 필요합니다.

유테틱 솔더와 무연솔더는 일반적으로 사용되는 솔더볼의 소재로, 각각의 특성을 고려하여 선택됩니다. 유테틱 솔더는 대부분 주석(Sn) 63%와 납(Pb) 37%로 구성되며, 이의 융점은 183℃에 도달합니다. 반면에 무연솔더는 주로 주석(Sn), 은(Ag), 구리(Cu) 합금 계열로 이루어져 있으며, 대표적인 합금으로는 SAC(Sn/Ag/Cu)이 있습니다. 이 합금은 주석 96.5%, 은 3.0%, 구리 0.5%로 구성되며, 때로 인듐(In)이나 비스무스(Bi)가 첨가됩니다.

솔더볼을 선택할 때에는 물리적 특성, 공정성, 그리고 신뢰성 등을 고려해야 합니다. 물리적 특성은 솔더볼의 전단강도, 인장강도, 경도 등을 포함하며, 공정성은 솔더의 젖음성, 무시존 등의 특성을 고려합니다. 뿐만 아니라, 솔더볼의 신뢰성을 검증하기 위해 낙하강도 등의 특성을 평가하는 것이 중요합니다.

솔더볼의 크기는 대체로 150 ~ 500um 범위에 위치합니다. 예를 들어, 450um 직경의 솔더볼은 0.45볼로 통칭되곤 하는데, 이는 솔더볼이 얼마나 작고 정교하게 제작되어야 하는지 나타내는 중요한 지표 중 하나입니다.

솔더볼은 극히 작은 구성 요소일지라도, 반도체 패키지와 보드 사이의 연결에서 매우 중요한 역할을 수행합니다. 그 크기와 합금의 구성, 그리고 그에 따른 다양한 물리적 특성들은 솔더볼이 특정 애플리케이션에 적합한지를 결정하는 핵심 요인으로 작용합니다.

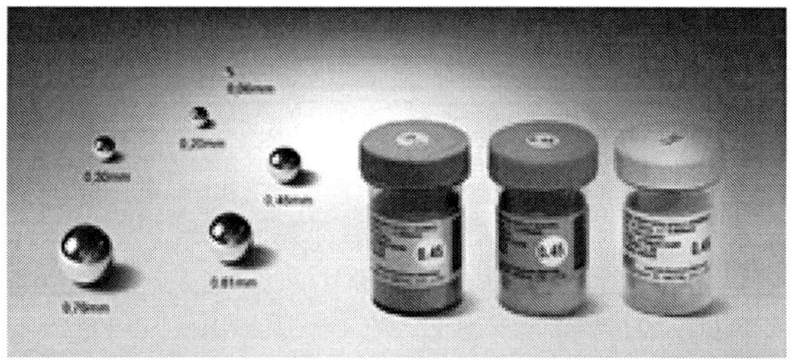

그림 3-57 솔더볼

② 플럭스

솔더볼 마운트 공정에서 핵심적인 역할을 하는 **플럭스**에 대해 자세히 알아보도록 하겠습니다. 플럭스는 솔더의 흐름을 도와주는 중요한 물질로, 이 작은 구성 요소는 솔더볼의 마운트 공정에서 놀라운 기능을 수행합니다. 먼저, 플럭스가 무엇인지부터 자세히 살펴보겠습니다.

플럭스는 일종의 화학물질로, 솔더의 흐름을 돕는 역할을 합니다. 이는 솔더의 촉매와 같은 역할을 하는데, 주사기와 같은 형태인 Syringe에 담겨져 사용됩니다. 플럭스의 주요 역할은 솔더볼 마운트 공정에서 솔더의 유동성을 향상시키고, 화학적, 물리적, 그리고 열적 기능을 통해 공정의 원활한 진행을 돕는 것입니다.

화학적 기능 측면에서 플럭스는 납땜 과정 중 발생할 수 있는 산화물을 효과적으로 제거하고 재산화를 방지합니다. 물리적 기능에서 솔더의 표면장력을 감소시켜 솔더가 균일하게 흐르도록 도와주며, 열적 기능에서는 납땜성을 향상시키는 역할을 합니다.

플럭스를 사용할 때 주의해야 할 필요조건도 존재합니다. 플럭스는 효과적으로 산화피막을 제거하고 산화를 방지하는 능력이 있어야 합니다. 또한, 납땜 과정에서 발생하는 온도의 변화에 따른 플럭스의 안정성을 유지해야 하며, 환경 및 인체에 해로운 성분이 없어야 합니다.

플럭스에는 여러 가지 종류가 존재합니다. 로진(Rosin) 기반 플럭스는 수지를 주요 구성 요소로 하며, R, RA, RMA와 같은 여러 가지 유형이 있습니다. 수용성 플럭스는 강력한 산화 제거 능력을 가지고 있지만, 사용 후 잔여물을 제거하는 작업이 필요합니다. 노클린 플럭스는 사용 후 세척 과정이 필요하지 않습니다.

- Rosin/Resin : 대략 30%부터 60% 정도를 차지하며, 고온에서의 유동성을 향상시키는 역할을 합니다.
- Solvent : 대략 30%부터 90% 정도를 차지하며, 고형 물질을 용해시키고 납땜 전까지의 열적 안정성을 유지하는 역할을 합니다.
- Activator : 대략 2%부터 3% 정도를 차지하며, 모재 표면을 세척하고 재산화를 방지하는 역할을 하며, 납땜성을 향상시킵니다.

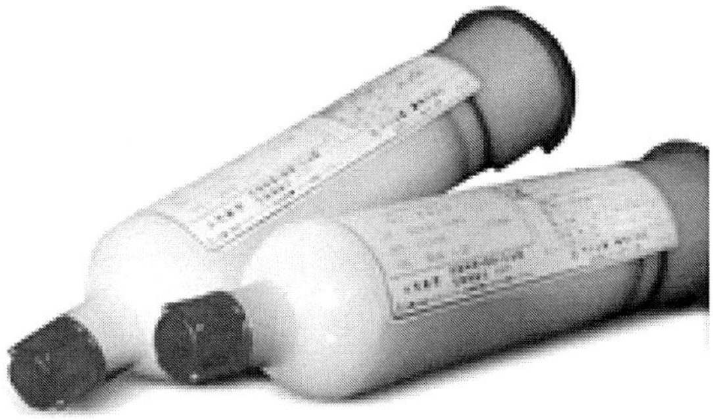

그림 3-58 플럭스

[4] 솔더볼 마운트 공정

솔더볼 마운트 공정은 어태치(Attach), 리플로우(Reflow), 플럭스 클리닝(Flux-cleaning), 언로더(un-loader) 등으로 구성되어 있습니다. 이러한 단계는 각각의 역할을 수행하며, 솔더볼이 정확하게 기판에 부착되고 안정적으로 고정되도록 하는 것이 목표입니다.

플럭스 도팅은 솔더볼을 부착할 위치에 플럭스를 도포하는 과정입니다. 이를 위해 플럭스는 플러스 용기에 담겨지고, 도팅 핀을 통해 기판의 금속 패드에 정확한 양의 플럭스가 도포됩니다. 플럭스의 양을 조절하기 위해서는 도팅 압력과 도팅 시간을 조절하여 효율적인 도팅을 진행해야 합니다. 검사 과정에서는 플럭스의 위치와 커버리지를 확인하여 정확한 도팅 여부를 확인합니다.

솔더볼 어태치는 미리 보관된 솔더볼을 진동을 통해 띄워내고, 픽업 툴을 사용하여 솔더볼을 기판의 금속 패드에 위치시키는 단계입니다. 이때 진공압과 떨어뜨리는 높이를 조절하여 정확한 양의 솔더볼을 기판에 부착합니다. 검사 과정에서는 솔더볼의 위치를 확인하여 정확한 부착 여부를 검증합니다.

리플로우는 부착된 솔더볼을 녹여서 안정적으로 패드에 고정시키는 핵심적인 단계입니다. 주요 방식에는 적외선 리플로우와 대류 리플로우 두 가지가 있으며, 각각의 장단점을 고려하여 선택합니다. 온도 프로파일을 조절하여 예열 구간, 드웰 구간, 최고 온도 구간, 그리고 쿨링 구간에서 솔더볼의 상태를 정확히 관리합니다.

플럭스 클리닝은 접합 후 남은 플럭스를 제거하는 과정입니다. 세정 용액으로는 전류에 아무런 영향을 미치지 않는 DI water(De-ionized water)를 주로 사용하며, 특별한 플럭스 세정제도 적용됩니다. 이 단계에서는 플럭스의 잔여물이 없는지를 검사하고, 특히 전기적인 Short를 방지하기 위해 꼼꼼한 검사가 이루어집니다.

솔더볼 접합 공정은 각 단계가 정확하게 수행되어야 하며, 장비와 온도 조절, 플럭스 도팅과 세정 과정 등이 조화롭게 진행되어야 합니다. 이러한 정밀한 제어와 검사 과정이 제품의 안정성과 품질을 보장하는 핵심입니다.

[5] 솔더볼 마운트 불량

볼 빠짐(Ball Missing)

솔더볼이 빠져서 연결이 이루어지지 않는 경우를 의미합니다. 이는 제품의 연결 불량을 초래할 수 있어 매우 중요한 불량 항목 중 하나입니다. 볼 빠짐은 다양한 이유로 발생할 수 있으며, 각 공정 단계에서의 정밀한 관리가 필요합니다. 정확한 솔더볼의 공급 및 부착이 보장되어야 하며, 솔더볼의 농도와 정확한 위치가 유지되어야 합니다.

볼 합쳐짐(Ball Bridging)

두 개 이상의 솔더볼이 서로 연결되어 브리지 형태를 이루는 경우를 말합니다. 전기적인 단락이나 신호 간섭을 초래하여 제품의 안정성을 저해할 수 있습니다. 볼 합쳐짐은 솔더볼의 부착 과정에서 발생할 수 있는 문제로, 솔더볼의 간격과 정확한 위치를 유지하는 것이 중요합니다.

볼 크기 불량(Ball Size Deviation)

솔더볼의 크기가 표준에서 벗어나는 경우를 의미합니다. 솔더볼의 크기는 연결의 안정성과 성능에 직접적인 영향을 미치므로 이를 철저히 관리하는 것이 중요합니다. 특히 ±50um 이상의 크기 차이가 발생할 경우 불량으로 판정됩니다.

볼 손상(Ball Damage)

솔더볼의 높이나 폭이 원래의 크기보다 크게 줄어들 때 발생하는 불량입니다. 솔더볼의 높이가 0.10mm 이하로 줄거나 폭이 25% 이상 감소하면 볼 손상으로 분류됩니다. 이는 제품의 안정성과 성능에 부정적인 영향을 미치므로 정밀한 제어가 필요합니다.

편평도 불량(Flatness Deviation)

솔더볼들 사이의 높이 차이로 인해 발생하는 불량입니다. 볼들의 높이 차이가 100um 이상일 경우 편평도 불량으로 판정됩니다. 이는 기판과의 안정적인 접촉을 방해할 수 있어 제품의 성능을 저하시킬 수 있습니다.

위치 불량(Misalignment)

솔더볼이 규정된 위치에서 벗어난 경우에 발생합니다. 볼의 위치가 규정된 좌표에서 벗어나면 제품의 성능과 안정성에 문제를 일으킬 수 있습니다. 정확한 위치 제어가 필수적이며, 기판과 솔더볼 사이의 정확한 정렬이 보장되어야 합니다.

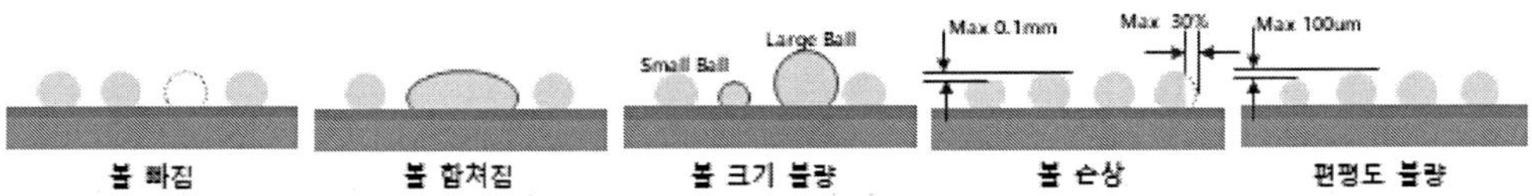

그림 3-59 솔더볼 마운트 불량

3.8 패키지 싱귤레이션

[1] 패키지 싱귤레이션의 정의

패키지 싱귤레이션은 솔더볼 마운팅 공정까지 완료된 기판을 개별의 패키지로 분할하는 과정을 의미합니다. 이것은 큰 기판에 포함된 여러 반도체 소자를 개별적인 패키지로 나누어 제품화하는 작업으로, **패키지 소**(Package Saw)로도 불립니다.

패키지 싱귤레이션 공정의 주요 단계를 자세히 알아봅시다. 먼저, 몰딩된 유닛에서 시작됩니다. 블레이드가 고속으로 회전하면서 몰딩된 유닛에 포함된 여러 반도체 소자들을 정밀하게 분할합니다. 이후, 개별화된 패키지는 비전 시스템을 통해 검사되고 양품과 불량품을 구분합니다. 마지막으로, 구분된 패키지들은 트레이로 옮겨져 담기게 되며, 이는 후속 공정으로 이동하거나 저장될 때 사용되는 장치입니다.

패키지 싱귤레이션 공정의 장점 중 하나는 다양한 제품을 소량으로 생산할 때의 유연성입니다. 각각의 제품에 따라 절단 사이즈를 쉽게 변경할 수 있어 생산 효율과 유연성을 크게 향상시킵니다.

이러한 과정을 원활하게 진행하기 위해 필요한 장비와 구성에 대해서도 살펴보겠습니다. 패키지 싱귤레이션 장비는 로딩 및 언로딩 시스템, 소 시스템, 비전 검사 및 소팅 시스템으로 구성되어 있습니다.

로딩 및 언로딩 시스템은 패키지 싱귤레이션 공정의 시작과 끝을 담당합니다. 로딩에서는 솔더볼 마운팅 공정까지 완료된 기판을 이송하며, 언로딩은 소잉이 완료된 패키지를 언로딩하는 작업을 수행합니다.

소 시스템은 절단과 세척 및 건조를 담당합니다. 절단은 기판을 이송하여 소잉을 진행하며, 이 과정에는 스트립 피커, X-로봇, 척 테이블, 유닛 클리너 등이 사용됩니다. 세척 및 건조는 컷팅 작업이 완료된 패키지를 세정한 후 건조하는 단계로, 클리너, 유닛 피커, 리버서블 유닛, 핫 에어 블로워가 구성되어 있습니다.

비전 검사 및 소팅 시스템은 패키지의 완성도와 품질을 확인하는 마지막 단계입니다. 비전 검사는 완성된 패키지의 다양한 특성을 검사하고 분석하여 양품과 불량품을 구분하며, 소팅은 이를 분류하여 트레이에 담게 됩니다.

그림 3-60 패키지 싱귤레이션

4

패키지 신기술

4.1 팬인 웨이퍼 레벨 패키지

[1] 팬인 웨이퍼 레벨 패키지의 정의

첫 번째로 알아볼 것은 웨이퍼 레벨 패키지의 기본 개념입니다. **웨이퍼 레벨 패키지**는 이름 그대로 반도체 웨이퍼가 완성된 상태에서 패키지 공정이 이루어지는 방식으로, 팬이 웨이퍼 패키지라고 말합니다. 이 혁신적인 방식은 반도체 기술의 미세화와 더불어 전자 제품의 성능과 효율성을 향상시키는 획기적인 방법 중 하나로 주목받고 있습니다.

이 방식의 가장 큰 장점은 패키지의 크기를 상당히 축소할 수 있다는 점입니다. 더 작은 크기의 패키지는 다양한 전자 제품에 적용될 수 있게 되어 소형 전자 기기의 발전을 이끌고 있습니다. 또한, 웨이퍼 레벨로의 패키징은 전기적 특성이 향상됩니다. 이는 더 빠르고 효율적인 데이터 전송과 처리를 가능하게 하여 현대 사회에서 중요한 역할을 수행하고 있습니다.

그러나 이 방식에도 단점이 존재합니다. 칩이 직접 노출되기 때문에 외부 충격에 취약하게 됩니다. 이는 전자 제품의 내구성에 영향을 미칠 수 있으며, 따라서 소비자와 제조사 간의 타협이 필요한 문제로 대두되고 있습니다. 또한, I/O 연결에 사용되는 솔더볼의 수에 제한이 있세 되는데, 이는 설계 및 구현 시의 한계점이 될 수 있습니다.

[2] 팬인 웨이퍼 레벨 패키지 제조 공정

팬인 웨이퍼 레벨 패키지의 제조 공정은 상당히 복잡하며 정교한 기술과학의 결합이 필요합니다. 각 단계별로 살펴보도록 하겠습니다.

제조 과정의 첫 단계는 웨이퍼 위에 절연층을 형성하는 것입니다. 이 절연층은 다양한 옵션에 따라 선택할 수 있으며, 이 선택이 후속 공정에 큰 영향을 미칩니다.

절연층 위에는 포토레지스트(PR)가 도포되고, 포토 마스크를 사용하여 UV 노광 후 개발하여 원하는 패턴을 형성합니다. 이 단계에서 미세한 빛과 화학물질이 함께 작용하여 정밀한 패턴을 만들어냅니다.

이후 스퍼터링 방법을 사용하여 금속 박막을 웨이퍼 위에 증착시킵니다. 이 박막은 후속 과정에서 형성될 전해도금 금속층의 접착력을 향상시키는 데 중요하며, 금속 간의 화합물 성장을 막는 확산 방지막 역할도 합니다. 미세한 입자들의 정교한 배치와 흡착이 이루어져야만 원활한 전자 전도가 가능해집니다.

PR 도포 및 패턴 형성 후 전해도금을 통해 두꺼운 금속층을 형성합니다. 이는 전자의 움직임을 원활하게 하여 전기적 특성을 향상시키는 역할을 합니다. 또한 이 단계에서의 정밀한 제어는 전자 제품의 성능에 직결됩니다.

PR을 제거하고, 남아있는 얇은 금속층은 에칭으로 제거합니다. 이는 불필요한 부분을 정밀하게 제거하여 칩의 최종 모양을 만들어내는 과정으로, 미세한 부식의 예술이라 할 수 있습니다.

이후 연결을 위해 솔더볼을 마운팅하고, 마지막으로 개별 칩으로 분리하기 위해 웨이퍼를 다이싱하는 과정을 거칩니다. 이는 미세한 연결과 분리의 예술로, 전자 제품의 안정성과 신뢰성에 큰 영향을 미치게 됩니다.

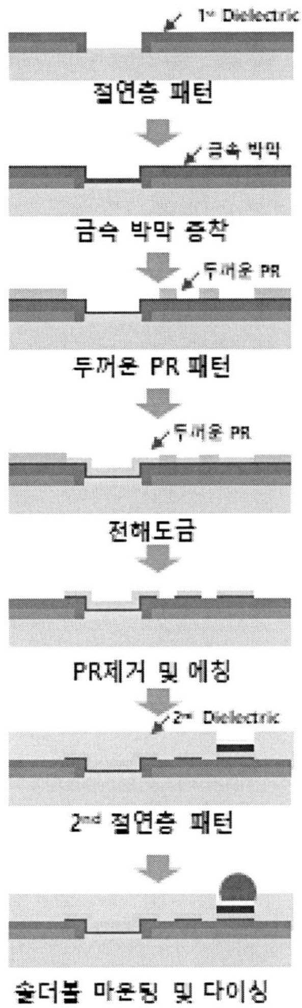

그림 4-1 팬인 웨이퍼 레벨 패키지 제조 공정

4.2 팬아웃 웨이퍼 레벨 패키지

[1] 팬아웃 웨이퍼 레벨 패키지의 정의

팬아웃 웨이퍼 레벨 패키지는 웨이퍼 레벨 패키지의 발전된 형태로, 이름에서도 알 수 있듯이 웨이퍼 상태에서 패키지 공정을 진행하는 혁신적인 기술입니다. 이러한 패키징 방식은 기존의 웨이퍼 레벨 패키지와 비교하였을 때 몇 가지 독특한 특징을 가지고 있습니다.

팬아웃 웨이퍼 레벨 패키지의 가장 주목할 만한 특징 중 하나는 패키지의 크기를 상당히 줄일 수 있다는 점입니다. 작아진 패키지는 더 높은 밀도와 낮은 전기 잡음을 통해 더 빠르고 안정적인 전자 기기의 성능을 제공합니다. 또한 이로 인해 전기적 특성이 향상되어 전송 속도와 데이터 처리 속도가 증가하고, 전자 기기의 성능이 향상됩니다.

기존의 웨이퍼 레벨 패키지는 칩이 외부에 직접 노출되어 있어 외부 충격에 취약한 단점이 있었습니다. 그러나 팬아웃 웨이퍼 레벨 패키지에서는 기술의 발전으로 이러한 문제점을 극복하고 있습니다. 또한 이전 패키지 방식에서는 솔더볼 I/O에 제한이 있었지만 팬아웃 웨이퍼 레벨 패키지는 이러한 제한을 극복하고 있어 더 다양한 응용 분야에 활용될 수 있게 되었습니다.

[2] 팬아웃 웨이퍼 레벨 패키지 제조 공정

팬아웃 웨이퍼 레벨 패키지의 제조 공정의 첫 번째 단계에서는 캐리어 테이프에 잘라진 칩을 정밀하게 배열합니다. 다음으로, 이 칩 배열이 웨이퍼와 함께 몰딩됩니다. 이로써 칩과 웨이퍼가 하나의 단일 구조로 통합됩니다. 이 단계에서의 정밀한 배열은 전자 기기의 성능에 직접적인 영향을 미치게 됩니다.

다음 단계에서는 웨이퍼 위에 절연층을 형성하는 과정이 진행됩니다. 이 과정은 선택적으로 진행될 수 있으며, 패키지의 목적 및 요구에 따라 결정됩니다.

포토레지스트(PR) 도포 후 포토 마스크를 사용하여 UV 노광 후 개발하는 과정을 통해 절연층 패턴이 형성됩니다. 이는 미세한 빛과 화학물질의 조화로 정밀한 패턴을 만들어내는 과정입니다.

다음으로, 스퍼터링을 사용하여 금속 박막을 웨이퍼에 증착시킵니다. 이 단계에서는 금속 간의 화합물 성장을 막는 확산 방지막의 형성, 후속 공정에서 형성될 전해도금 금속층의 접착력을 향상시키는 것, 그리고 전해도금 시 전자의 통로 역할을 하는 것이 포함됩니다. 이때 미세한 입자들의 정교한 배치와 흡착이 필수적입니다.

PR 도포 후 포토 공정을 이용하여 패턴을 형성합니다. 이후, 전해도금 과정을 통해 두꺼운 금속 막이 형성됩니다. 이 단계에서의 정밀한 제어는 전자의 움직임을 원활하게 하여 전자 제품의 성능을 높이는 데 중요한 역할을 합니다.

에칭 과정을 통해 PR을 제거하고, 남아있는 얇은 금속층은 에칭으로 제거됩니다. 그리고 솔더볼 마운팅 과정을 거치면서 미세한 부식과 연결의 조화가 이루어집니다. 솔더볼은 연결의 핵심이 되며, 이것이 웨이퍼 레벨 패키지의 안정성과 신뢰성에 큰 영향을 미칩니다.

마지막으로, 다이싱 과정을 통해 패키지가 개별 칩으로 분리됩니다. 이는 미세한 연결과 분리의 예술로, 전자 기기의 최종 형태가 완성됩니다.

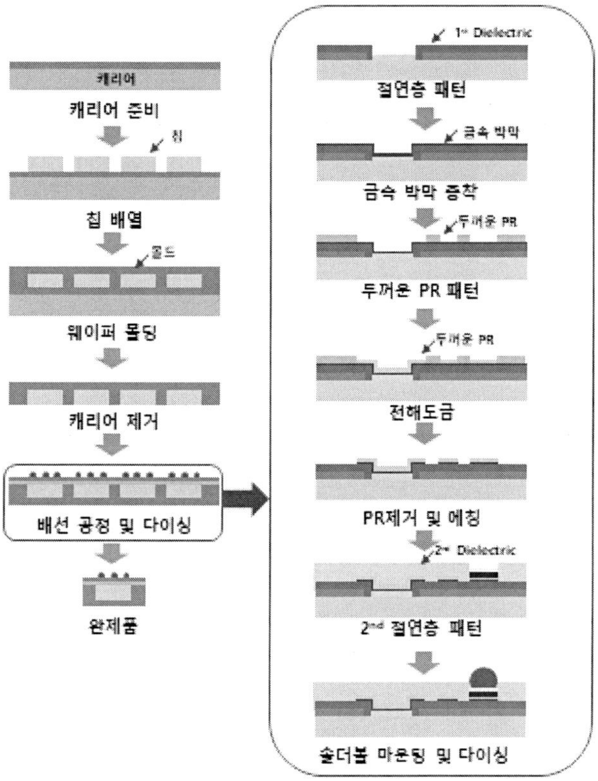

그림 4-2 팬아웃 웨이퍼 레벨 패키지 제조 공정

4.3 플립 칩 패키지

[1] 플립 칩 패키지의 정의

플립 칩 패키지는 전통적인 와이어 대신 범프를 사용하여 IC 칩의 패드와 기판 패드를 직접 연결하는 혁신적인 패키징 방법입니다. 1964년 IBM에서 C4(Controlled Collapse Chip Connection)라는 명명 하에 처음으로 도입되었는데, 칩에 형성된 범프(Bump)가 뒤집혀서(Flip) 서브스트레이트 등에 부착되기 때문에 플립 칩(Flip Chip)이란 이름이 붙었습니다. 이러한 구조는 와이어 본딩 기술에 비해서 전기적 연결 통로로 사용되는 칩 전체 면적을 최대한 활용할 수 있도록 해주어 입/출력 단자의 수를 증가시키고, 칩의 실장 밀도를 획기적으로 증가시킵니다. 이로써 결과적으로는 신호 전달 경로의 길이가 짧아져 전기적 특성이 향상되고, 빠르고 안정적인 성능을 제공할 수 있게 됩니다.

와이어 본딩에 사용되는 칩 위의 금속 패드 배치는 일차원적이라서 가장자리 또는 센터 등으로 위치가 한정됩니다. 와이어 본딩 공정시에 캐필러리가 칩과 서브스트레이트 사이를 연결할 때 구조상으로 일차원적 패드 배열만 공정이 가능하기 때문입니다.

이에 반해 플립 칩 본딩은 솔더 범퍼 형성과 서브스트레이트와의 접합시에 공정상 제약이 없어서 금속 패드들의 배치 시에 칩의 한 면을 다 이용할 수 있는 2차원적으로 배열할 수 있으며 기판과 연결할 수 있는 금속 패드들의 수가 제곱 승으로 늘어납니다. 그리고 범프를 형성할 패드의 위치도 칩 위에 원하는 곳에 만들 수 있으므로 특히 파워를 공급하는 패드의 경우에는 파워가 필요한 곳 근처에 형성할 수 있어서 전기 특성을 더욱 강화할 수 있습니다.

플립 칩 본딩의 접합부의 길이는 수십 um 정도로, 와이어 본딩에서 사용되는 와이어 길이보다 약 10배 이상 짧아 본딩 후 접하부의 전기적 특성 저하 요인이 줄어들기 때문에 고속 신호 처리가 필요한 분야에서 선호도가 높습니다. 우수한 전기적 특성 때문에 초기에는 플립 칩이 주로 프로세서용 로직 반도체에 많이 적용되다가 점차 메모리 반도체, RF 반도체 등 다양한 분야에 적용되고 있습니다.

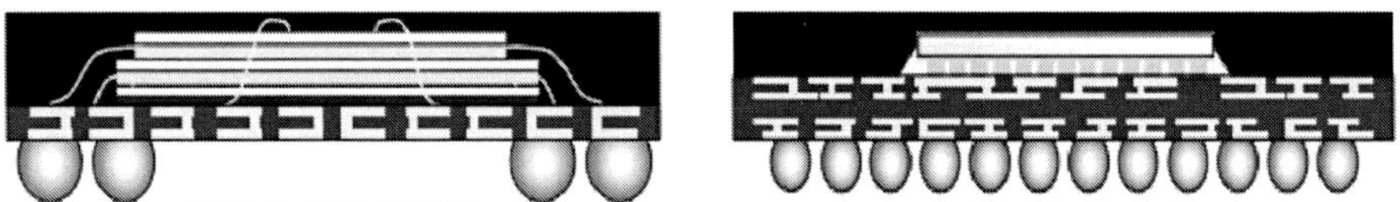

그림 4-3 와이어 본딩 패키지와 플립 칩 패키지

플립 칩 본딩 초기에는 범프의 대부분이 솔더로 구성된 범프 구조를 많이 사용하였습니다. 그러나 점점 범프와 범프 사이의 간격을 줄여서 같은 칩 크기에 더 많은 수의 플립 칩 범프를 형성시킴으로써 전기 특성을 더욱 향상시키려는 업계의 요구가 많아졌으나 범프의 간격을 줄이면 솔더 범프끼리 서로 붙어서 전기적으로 쇼트가 발생하여 불량이 발생합니다.

접합과정에서 칩과 서브스트레이트 사이의 간격을 줄여서 솔더 범프의 크기도 줄임으로써 쇼트를 방지할 수도 있지만, 범프에 인가되는 응력 스트레스도 커지고 언더필 시 좁은 간격 때문에 공정이 어려워져 칩과 서브스트레이트 사이의 간격을 그대로 두고, 범프의 간격을 줄이고자 만들어진 CPB, 즉 Copper Pillar Bump 구조입니다.

구리(Copper, Cu) 솔더 범프 아래 기둥(Post)을 세워 칩과 서브스트레이트 사이의 간격(Bonding Gap)은 높게 유지하면서 솔더 범프의 크기를 줄여 범프와 범프의 간격도 줄였고 솔더 범프의 간격을 줄이는 것은 업계에서 계속 요구되는 것으로 지금은 10um 미만까지 개발되고 있습니다.

범프 간 간격이 130um보다 크면 범프 전체가 솔더로 이루어진 Controlled Collapsed Chip Connection 방식의 C4 구조를 많이 사용합니다. 이때 솔더가 녹아서 붙으므로 처음의 솔더보의 높이보다 접합 시 칩과 서브스트레이트 사이의 간격이 더 작아지므로 무너진(Collapse) 형태로 접합하게 됩니다.

40um에서 130um에서는 접합시에도 Cu 기둥(Cu Pillar)이 녹지 않고 범프의 높이가 무너지지 않고 높이가 그대로 유지하는 형태의 CPB 구조를 이용하여 접합합니다.

솔더 범프 간격이 40um 미만이 되면 Cu 기둥을 양쪽 패드 모두에서 형성시켜 솔더 양을 더욱 줄이는 구조로 만들게 됩니다.

C4(Controlled Collapsed Chip Connection)와 CPB 모두 접합 시에는 리플로우(Reflow)를 사용하나 40um 미만의 Cu 기둥은 솔더 양이 너무 작아서 리플로우로 범프를 접합하지 않고, 열과 압력을 가하는 열 압착(TC; Thermo Compression) 방식으로 결합시켜 줍니다.

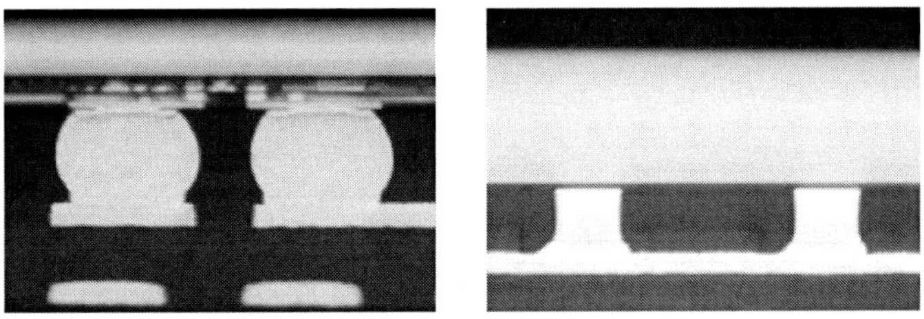

그림 4-4 솔더 범프와 CPB

[2] 플립 칩 패키지 제조 공정

플립 칩 패키지의 제조 공정은 다양한 미세한 과학의 결합으로 이루어져 있습니다. 각 단계를 자세히 알아보겠습니다.

플립 칩 패키지의 제조는 플립 칩 범프 형성 단계부터 시작됩니다. 이 범프는 후속 과정에서 기판에 연결될 연결 통로의 역할을 합니다. 범프의 형성은 전체 패키지의 안정성과 성능에 직접적인 영향을 미칩니다.

웨이퍼 백 그라인딩 과정에서는 웨이퍼의 두께를 조절합니다. 이는 플립 칩의 미세한 구조와 연결 통로의 정밀한 형성을 위해 필수적인 단계입니다.

웨이퍼 소잉 과정을 통해 웨이퍼를 다이로 분리합니다. 각각의 다이는 후속 공정에서 개별적으로 처리될 것입니다.

분리된 다이는 플립 칩 본딩 과정을 통해 기판에 연결되며, 언더필 과정을 통해 빈 공간을 채워 신뢰성을 높입니다. 이는 플립 칩 패키지의 안정성과 연결의 신뢰성을 확보하기 위한 중요한 단계입니다.

몰딩 과정을 거친 후, 마킹을 통해 제품 정보나 코드를 표기합니다. 이는 완성된 패키지를 식별하고 추적하는 데 필요한 단계입니다.

솔더볼 마운팅을 통해 솔더볼을 부착하고, 마지막으로 싱귤레이션 과정을 통해 개별 패키지로 분리됩니다. 이로써 플립 칩 패키지의 생산이 완료됩니다.

플립 칩은 펌프의 구조, 본딩 시 적용하는 공법, 언더필에 사용되는 재료 등에 따라서 구분할 수 있는데, 본딩 시 적용하는 공법에 따라 MR(Mass Reflow), 열압착(Thermo Compression), 초음파미세용접(Ultra Sonic Microwelding)으로 나누고, 그 안에서 범프 구조와 언더필 재료로 다시 세분화됩니다.

MR 공정은 솔더볼 마운팅 공정에서 설명한 리플로우 공정을 이용한 것으로, 칩과 서브스트레이트에 높은 온도 분위기를 만들어서 접합부의 솔더가 녹아서 붙게 만드는 공정입니다. 솔더 범프가 모두 녹아서 칩과 서브스트레이트 간격이 더 좁아지는 콜랩스(Collapse) 방식과 범프의 일부는 녹지 않아서 간격이 크게 좁아지지 않는 논콜랩스(Non Collapse) 방식이 있으며, CPB(Copper Pillar Bump)가 이 종류에 속합니다. 그리고 고농도 납 범프(High Lead Bump)도 녹는점이 높아서 이 조성의 범프를 이용한 플립 칩 본딩도 논콜랩스(Non Collapse)에 속합니다.

플립 칩 본딩을 할 접합부에 온도와 압력을 가해서 본딩을 하는 **열압착 공정**은 솔더 범프와 패드를 본딩할 때 기계적 연결에 어떤 재료를 사용하느냐에 따라 분류할 수 있습니다. ICA(Isotropic Conductive Adhesive)는 전도성이 있는 접착제로 동시에 전기적으로도 연결해 줍니다. ACA(Anisotropic Conductive Adhesive)는 전도성 입자들이 있는 필름 또는 페이스트를 이용하여 언더필과 전기적/기계적 연결이 동시에 되게 합니다.

NCA(Non Conductive Adhesive)는 전기가 통하지 않는 재료라서 기계적 연결과 언더필을 동시에 하고 범프 자체가 전기적 연결을 하게 됩니다. **초음파 미세용접**은 Au 스터드(Stud) 범프를 초음파로 용접하듯이 범프와 패드를 연결하는 공정입니다.

플립 칩 범프와 범프 사이를 채워주는 **언더필 공정**은 플립 칩 본딩 후에 언더필 재료를 채워 주는 포스트 필링(Post Filling) 공정과, 플립 칩 본딩 전에 언더필 재료를 적용해 주는 프리 어플라이드(Pre applied) 언더필 공정으로 크게 나눌 수 있습니다.

포스트 필링 공정은 언더필 방식에 따라 캐필러리 언더필(CUF; Capillary Underfill)과 MUF(Molded Underfill)로 나눌 수 있습니다. 캐필러리 언더필은 플립 칩 본딩 후에 캐필러리로 언더필 재료를 칩 옆면에서 주사하여 범프 사이사이를 흘러가서 채워지게 하는 방식이고, MUF는 추가적인 언더필 공정 없이 몰딩 공정에서 몰드(Mold) 재료인 EMC가 범프 사이사이도 채워서 언더필 기능도 하게 되는 방식입니다.

프리 어플라이드 언더필 공정은 주로 ACA와 NCA를 사용한 공정입니다. NCP는 NCA의 일종인 NCP(Non Conductive Paste)를 이용한 것으로, 먼저 NCP를 서브스트레이트에 도포해 주고, 열과 압력으로 플립 칩 본딩을 하면 NCP가 밀려나면서 범프 접합부에는 남아있지 않고, 범프와 범프 사이에만 있어서 언더필 역할을 하게 됩니다.

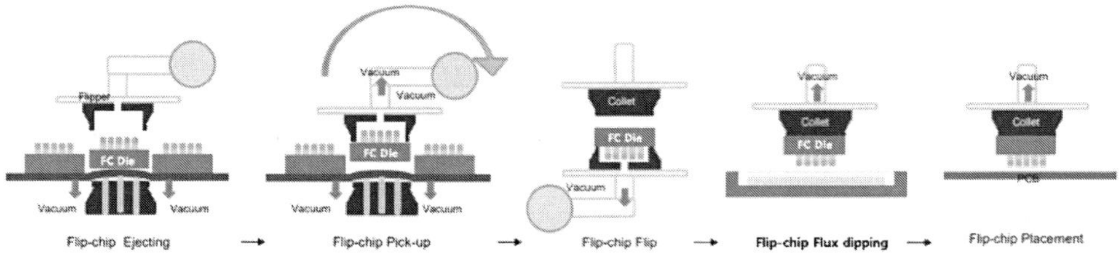

그림 4-5 플립 칩 어태치 공정도

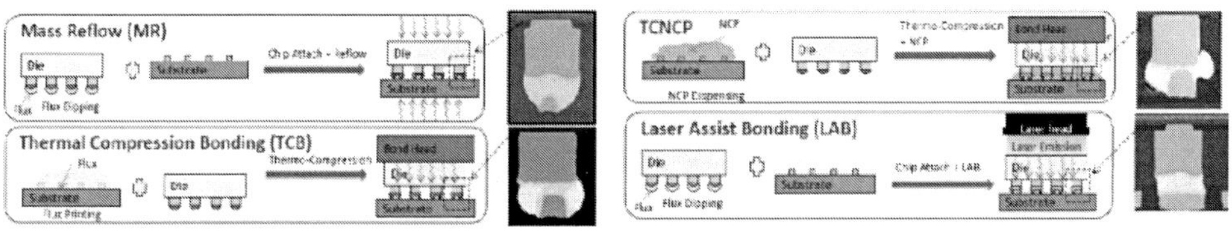

그림 4-6 여러 종류의 접합기술

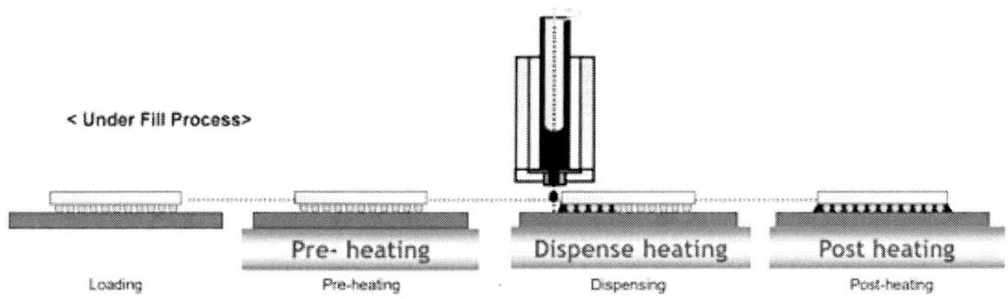

그림 4-7 언더필 공정도

[3] 플립 칩 범프 공정

플립 칩 패키지에서 범프를 형성하는 공정은 웨이퍼 레벨 공정으로 진행하고, 웨이퍼 위에 절연층 형성부터 시작됩니다. 이 절연층은 옵션으로 선택 가능하며, 포토레지스트를 도포한 후 포토 공정을 통해 패턴을 형성합니다. 이후 스퍼터링을 이용하여 금속 박막을 증착시키게 되며, 이는 전해도금 과정에서의 금속층의 접착력을 향상시키는 역할을 합니다.

포토레지스트를 다시 도포하고 포토 공정을 거쳐 패턴을 형성한 후, 전해도금을 통해 솔더 범프를 형성합니다. 마지막으로, 포토레지스트 제거와 에칭을 통해 남아있는 얇은 금속층을 제거하고 솔더 리플로우 과정을 통해 범프의 형상을 최종적으로 형성하게 됩니다.

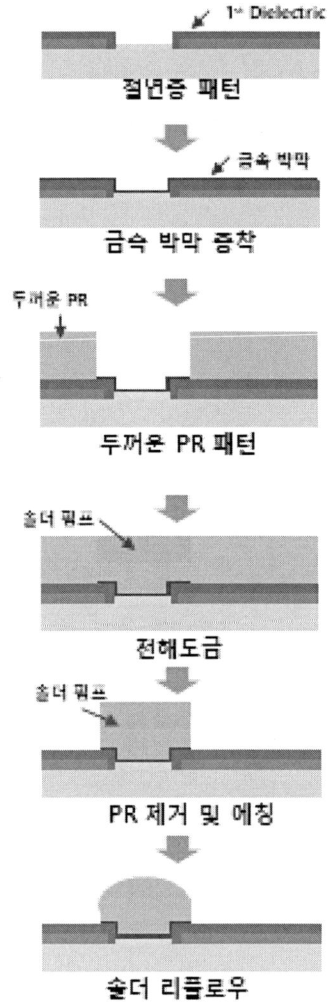

그림 4-8 플립 칩 범프 공정

4.4 실리콘 관통 전극 패키지(TSV)

[1] 실리콘 관통 전극 패키지의 정의

실리콘 관통 전극 패키지는 약자로 TSV라고도 하며, 실리콘을 뚫어서 전도성 재료로 채운 전극을 의미하지만, 일반적으로는 칩을 적층하기 위한 기술로서 기존에는 칩을 적층할 때 칩과 칩, 칩과 서브스트레이트의 연결을 와이어로 하던 것을 실리콘 웨이퍼 상태의 칩에 작은 구멍을 뚫어 전도성 물질을 채워 이를 통해 아래층과 위층의 회로를 직접적으로 연결하는 방식을 이야기합니다. TSV는 적층시에 칩 단위 공정을 하게 되지만, 적층 전에 TSV를 형성하고 적층 연결을 위해 칩 앞뒤에 솔더 범프를 형성하는 공정을 웨이퍼 레벨로 진행하게 되어 웨이퍼 레벨 패키지 기술로 분류되기도 합니다.

메모리 반도체 관점에서 보면 업계에서 메모리 반도체에 끊임없이 요구하는 특성들은 고속, 고용량, 작은 크기를 만족시키면서 동시에 전력 소모도 줄이는 것입니다. TSV는 이러한 업계의 요구를 만족시켜 줄 수 있는 최적의 해결법으로 메모리에서 TSV를 이용한 칩 적층 기술을 적극적으로 개발하고 제품화하고 있습니다.

이 독특한 구조는 여러 가지 중요한 장점을 지닙니다. 첫째로, 수평 연결보다 상대적으로 짧은 수직 연결을 통해 데이터 전송 속도를 크게 향상시킬 수 있습니다. 이는 더 빠른 데이터 처리와 전송을 가능하게 하여 전자 기기의 성능을 향상시킵니다. 둘째로, 전통적인 2D 패키징에 비해 상당히 적은 공간을 차지하게 되어 전자 기기의 소형화와 경량화에 기여합니다. 셋째로, 수직 연결이 짧기 때문에 더 낮은 저항을 가지며, 이는 전력 소모를 줄여 에너지 효율성을 향상시킵니다.

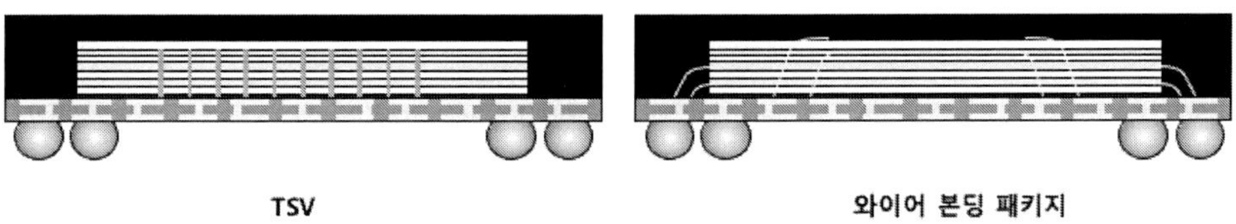

그림 4-9 TSV와 와이어 본딩 패키지

[2] TSV 패키지 제조 과정

웨이퍼를 관통하는 구멍인 '비아'를 형성합니다. TSV의 핵심 구조로, 데이터의 수직 전송을 가능하게 합니다.

웨이퍼의 앞면에는 솔더 범프를 형성합니다. 이는 나중에 연결에 사용될 중요한 구성 요소 중 하나입니다.

캐리어 웨이퍼를 웨이퍼에 부착하고, 백 그라인딩 과정을 통해 웨이퍼의 두께를 정밀하게 조절합니다. 이는 전체 패키지의 미세한 구조를 만들기 위한 핵심 단계입니다.

웨이퍼의 뒷면에 필요한 구조물을 형성한 후, 웨이퍼를 개별 다이로 분리하고 필요한 경우 여러 다이를 쌓아 올립니다. 이는 다양한 기능을 수행하는 다이를 조합하여 더 복잡한 전자 기기를 만들기 위한 단계입니다.

[3] TSV 형성 공정

하드 마스크를 사용하여 원하는 패턴을 형성하고, Si 드라이 에칭을 통해 웨이퍼 내부에 트렌치를 형성합니다.

CVD 공정을 이용하여 TSV의 내부를 절연시키는 막을 형성합니다. 이는 TSV의 전기적 연결을 안정화시키는 역할을 합니다.

Sputtering 공정을 통해 전기적 연결을 위한 금속 박막을 형성하고, 비아 내부를 전해도금 과정을 통해 채워 넣습니다.

필요한 경우, PR 제거 및 남아있는 얇은 금속층을 에칭으로 제거하며, CMP 평탄화 과정을 통해 표면을 평탄하게 만들어줍니다. 이후에는 후속 배선 과정, 즉 BEOL 공정을 진행하여 다양한 기능을 수행하는 부품을 연결합니다.

실리콘 관통 전극 패키지는 전자 기기의 성능을 향상시키는 혁신적인 기술 중 하나로 자리매김하고 있습니다. 미래에는 더 높은 데이터 전송 속도와 낮은 전력 소모를 가능케 하는 기술의 발전이 기대됩니다.

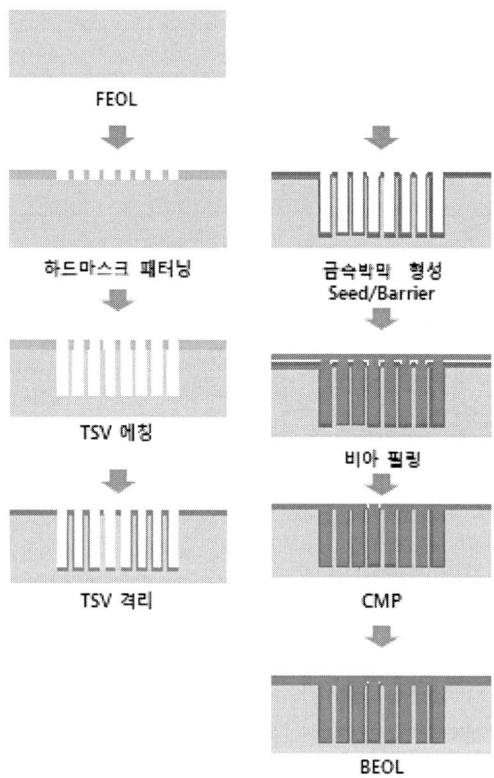

그림 4-10 TSV 형성공정

[4] TSV 패키지의 응용

TSV(Through-Silicon Via) 패키지는 다양한 응용 분야에서 혁신적으로 적용되어 있습니다. 그 중에서도 3D IC(Three-Dimensional Integrated Circuit)와 메모리 스택킹은 주목할 만한 응용 분야 중 하나입니다.

3D IC는 여러 개의 실리콘 웨이퍼나 다이를 수직으로 쌓아 놓는 기술입니다. 이를 통해 더 높은 집적도와 성능을 달성할 수 있습니다. 2차원적인 집적만으로는 한계에 도달하게 되어, 3D IC를 활용함으로써 더 많은 계층에서 다양한 기능을 수행하면서 시스템의 전반적인 성능을

향상시킬 수 있습니다.

메모리 스택킹은 예를 들면 DRAM과 같은 메모리 다이를 수직으로 쌓아 성능 향상을 이루면서 전력 소모를 줄이는 기술입니다. 이는 데이터의 빠른 접근과 처리를 가능하게 하면서도 더 적은 전력을 소비하는 메모리 시스템을 만들어냅니다. 특히 이는 모바일 기기와 같이 전력 효율성이 중요한 분야에서 큰 장점을 가지고 있습니다.

3D 패키징은 현대 전자 시스템의 복잡성이 증가함에 따라 중요성을 더하고 있는 기술 분야입니다. 2차원의 장치 확장만으로는 시스템 성능을 향상시키거나 무어의 법칙을 계속 확장하는 것이 점점 어려워지고 있기 때문입니다. 특히 휴대용 전자기기 분야에서는 3D 패키징 및 이종 통합이 특히 중요해지고 있습니다.

3D 패키징과 이종 통합은 웨이퍼 제조, 박리, 본딩 등 복잡한 다양한 과정을 포함하고 있습니다. 특히 TSV(Through-Silicon Via) 기술은 3D 패키징에서 중요한 역할을 하고 있습니다. TSV는 작은 레이아웃, 높은 신호 성능, 낮은 전력 소모의 큰 장점을 제공합니다. 현대의 패키징 구조에서는 수천 개의 TSV를 활용하여 여러 칩을 연결하고 있으며, 특히 고대역폭 메모리(HBM)는 TSV를 활용한 초기 기술 중 하나입니다.

하지만 TSV 제조에는 여러 문제점이 존재합니다. TSV 제조는 여러 중요한 단계를 포함하는 복잡한 과정으로, 각 공정 모듈마다 자체의 계측, 결함 검사 및 분석에 관한 문제점이 있습니다. 현재의 계측 방법들은 TSV CD(측정)에 어려움이 있으며, TSV의 시드와 배리어 계층 제조는 나노미터 규모의 박막 증착 공정을 필요로 합니다.

TSV 스택킹은 또한 도전적인 부분들이 존재합니다. 스택된 칩의 수와 연결의 복잡성이 증가함에 따라 3D 구조 내에서 더 작은 CD(치수)와 피치 크기가 요구됩니다. 또한 본딩 재료 내에는 숨겨진 작은 결함들이 있을 가능성이 있으며, Cu-Cu 하이브리드 본딩 기술은 현재의 마이크로-범핑 기술을 대체할 것으로 예상되고 있습니다.

그림 4-11 고대역폭 메모리(HBM)

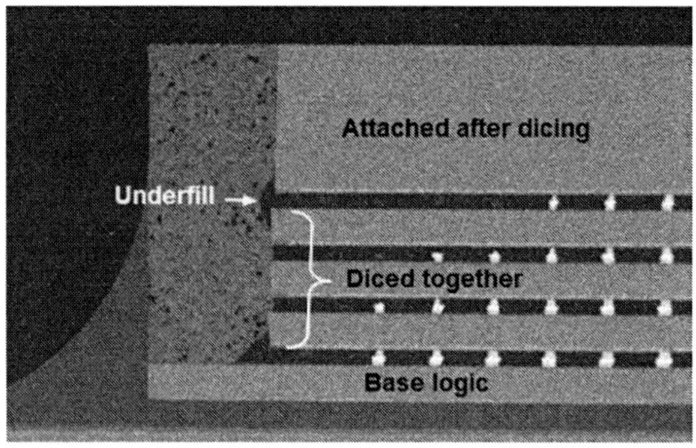

그림 4-12 TSV SEM 이미지

4.5 다층 칩 패키지(MCP; Multi Chip Package)

[1] 다층 칩 패키지의 정의

다층 칩 패키지(이하 MCP)는 메모리 용량을 늘리기 위한 혁신적인 패키징 방법으로, 특히 DRAM이나 NAND와 같은 메모리에 적용되는 기술입니다. 이 패키징 방법은 하나의 패키지 안에 얇은 메모리 다이를 여러 층으로 적층하여 구성됩니다. 여러 메모리 다이를 서로 쌓아 올리는 이 기술에서는 얇은 칩을 기판 위에 적층하는 기술과 와이어 본드 기술이 주요 역할을 합니다.

MCP의 가장 큰 특징 중 하나는 크기의 감소입니다. 여러 메모리 칩을 한 패키지에 통합함으로써 전체 기기의 크기를 줄일 수 있어, 더 작고 휴대하기 쉬운 전자기기를 만들 수 있게 됩니다. 또한 다양한 메모리를 한 패키지에 통합함으로써 생산 비용을 절감하고 성능을 향상시키는 장점이 있습니다. 여러 칩이 직접적으로 연결되고 신호 경로가 짧아지기 때문에 전력 소모가 감소하며 전반적인 성능이 향상됩니다. 이로 인해 MCP는 생산 비용 감소, 성능 향상, 크기 축소 등의 면에서 기존의 패키징 방법보다 우수한 선택지로 인정받고 있습니다.

MCP의 또 다른 중요한 특징은 유연성입니다. 다양한 메모리 유형을 하나의 패키지에 통합할 수 있어 특정 응용 프로그램에 최적화된 솔루션을 제공할 수 있습니다. 이는 다양한 분야에서 다양한 요구사항에 맞춰 유연하게 대응할 수 있는 장점으로 나타납니다.

MCP는 특히 모바일 장치 분야에서 괄목할 만한 성과를 내고 있습니다. 스마트폰이나 태블릿과 같이 공간이 제한된 장치에서는 MCP가 크기와 전력 소모를 최적화하기 위한 필수적인 기술로 사용됩니다. 더불어, 다양한 메모리 유형을 통합하여 고성능의 메모리 솔루션을 제공함으로써 모바일 기기의 성능을 높이는 데 기여하고 있습니다.

MCP에는 다양한 종류가 있으며, 그 중 대표적인 두 가지 형태를 살펴보겠습니다.

- 스태킹 MCP(Stacking MCP) : 이는 여러 메모리 칩을 수직으로 쌓아 올리는 구조를 의미합니다. 각 층은 다른 메모리 유형이나 기능을 담당할 수 있어 다양한 기능을 하나의 패키지에 통합하는 데 용이합니다.

• 사이드 바이 사이드 MCP(Side by Side MCP) : 이는 여러 칩들이 같은 수준에서 인접하게 배치되는 구조를 나타냅니다. 이 방식은 특히 크기를 줄이는 데 효과적이며, 공간 활용도를 최적화할 수 있습니다.

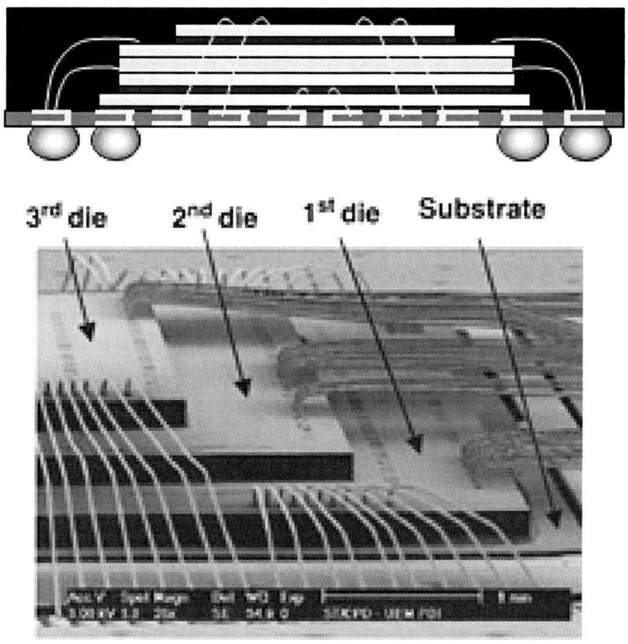

그림 4-13 MCP 개념도 및 SEM 이미지

4.6 PoP(Package on Package)

[1] PoP의 정의

최근 모바일 디바이스는 뛰어난 성능과 동시에 휴대성이라는 상반된 요구사항을 만족시켜야 하는데, 이러한 어려운 과제에 대한 해답 중 하나가 **PoP**(Package on Package) 기술입니다. PoP는 3차원 적층 기술을 활용하여 기기의 성능을 향상시키고 동시에 작고 가벼운 디자인을 유지할 수 있도록 합니다.

PoP는 Application Processor(AP)와 메모리가 서로 다른 패키지에 적층되는 형태로 구성됩니다. 이로써 Top Package에서는 주로 DRAM이 위치하게 되고, Bottom Package에서는 AP와 Baseband chip 등이 포함됩니다. 이러한 3차원 구조를 가능하게 하는 것이 TMV(Through Mold Via) 또는 MLP(Multi-Layer Package) 기술입니다.

TMV 기술은 PoP의 핵심이며, 매우 복잡한 공정을 포함하고 있습니다. 레이어 간 통신을 가능케 하는 이 기술은 오버몰드(Overmold)와 레이저 드릴링 등의 공정을 통해 구현됩니다. 그러나 이러한 고도의 기술은 솔더 오픈이라는 문제를 유발할 수 있습니다. 솔더 오픈은 패키지 휨으로 인해 발생하는데, 이로 인해 전기적 연결이 불량해지고 성능에 영향을 미칠 수 있습니다.

솔더 오픈을 방지하기 위해서는 제품의 디자인, 사용되는 소재, 그리고 공법 및 설비의 종합적인 관리가 필요합니다. 디자인 단계부터 솔더 오픈을 고려하여 패키지의 휨을 최소화하고, 적절한 소재를 선택하여 열 팽창 계수의 차이로 인한 응력을 완화하는 것이 중요합니다. 또한 정밀한 공정 관리와 소재의 품질 향상을 통해 솔더 오픈 발생 가능성을 최소화할 수 있습니다.

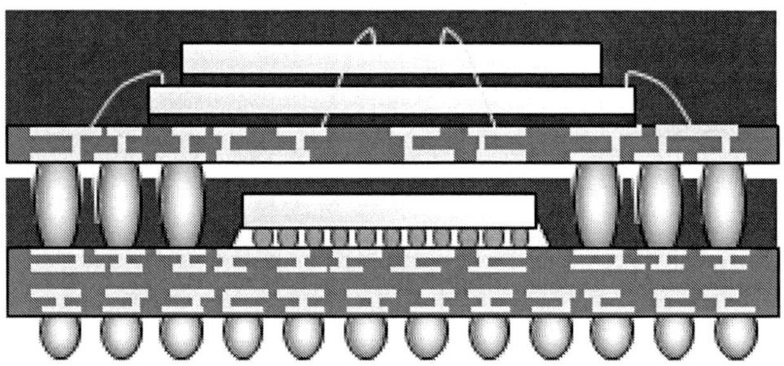

그림 4-14 PoP 개념도

4.7 SiP(System in Package)

[1] SiP의 정의

SiP(System in Package)는 다수의 다양한 칩을 하나의 패키지에 통합하여 하나의 시스템으로 만드는 혁신적인 패키징 기술입니다. SiP는 다양한 기능을 가진 칩들을 효율적으로 조합하고 상호 연결함으로써 고성능이면서도 효율적인 전자 시스템을 가능케 합니다. 이를 통해 더 작고 강력한 디바이스를 개발하는 데 있어서 새로운 가능성을 열어주고 있습니다.

SiP의 핵심은 다양한 칩들을 통합할 때 다양한 기술을 융합하는 것에 있습니다. 이 중에서도 가장 주목받는 것은 와이어 본드와 플립 칩 본딩의 결합입니다. 와이어 본드는 다이와 패키지 서브스트레이트 간에 전기적 연결을 제공하는 데 사용되며, 플립 칩 본딩은 칩을 뒤집어 패키지에 직접 연결하는 기술입니다. 이러한 기술의 융합으로 인해 다양한 칩들을 수직 또는 병렬로 배열하는 것이 가능해졌습니다.

SiP의 특이한 점 중 하나는 스페이서와 인터포저의 사용입니다. 스페이서는 단순히 다이와 다이 사이의 공간을 확보하는 역할을 합니다. 이를 통해 칩들 간의 간섭을 방지하고 전자 시스템의 안정성을 확보할 수 있습니다. 인터포저는 다이의 배선이 꼬이지 않도록 중간에 위치하는 다이로, 주로 금속 배선을 위해 설계되어 있습니다. 이러한 구성으로 SiP는 공간을 효율적으로 활용하면서도 각각의 칩들이 원활하게 상호 작용할 수 있도록 보장합니다.

SiP의 핵심은 다양한 칩들을 수준에서 인접하게 배치하는 것입니다. 이는 각 칩이 서로 최적의 상태에서 상호 작용할 수 있도록 하며, 시스템의 효율성을 높입니다. 또한, 이러한 구조는 전자 시스템의 크기를 최소화하면서도 성능을 극대화하는 데 기여합니다.

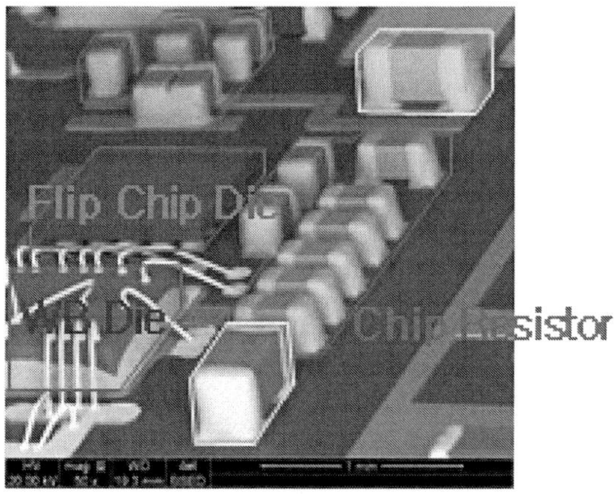

그림 4-15 SiP 내부 이미지

5

반도체 패키지 신뢰성

5.1 패키지 신뢰성

패키징은 제품의 외부 환경으로부터 내부 구성품을 보호하고 전기적 연결을 제공하는 핵심 기술로, 여기에는 제품의 수명과 안정성을 결정하는 중요한 '신뢰성'이 깊게 녹아있습니다. 이를 이해하기 위해서는 반도체의 신뢰성이라는 개념에 대한 깊은 이해가 필요합니다.

반도체 신뢰성은 제품이 특정 기간 동안 계속해서 원래의 기능을 수행할 수 있는지 측정하는 척도입니다. 이는 제품의 내구성 및 성능 유지 능력을 나타내는 지표로 볼 수 있습니다. 고신뢰성 제품은 사용자에게 오랜 시간 동안 안정적인 성능을 제공하게 되며, 이는 브랜드의 신뢰성 및 지속적인 구매력 성장으로 이어집니다.

고장은 제품이 실제 사용 환경에서 겪는 문제를 의미합니다. 반도체 칩이 과열되어 일부 기능을 잃는 경우 등이 그러한 고장의 예시입니다. 반도체 제품의 고장은 사용자 경험에 직결되며, 이는 제품의 성능에 심각한 영향을 미칠 수 있습니다.

반도체의 품질은 제품이 사용자의 요구사항이나 특정 특성에 부합하는지 여부를 나타냅니다. 높은 품질의 반도체는 사용자의 기대치를 충족시키면서도 예상 수명 동안 안정적인 성능을 보장합니다. 이는 결함이 발생할 확률이 낮아지고, 제품의 신뢰성이 증가하는 결과를 가져옵니다.

결함은 제품 제조 및 검사 과정 중 발생하는 불량을 지칭합니다. 반도체 제조 과정에서의 불순물 혼입이나 표면 결함은 이러한 결함에 속합니다. 품질이 낮을수록 결함이 발생할 확률이 높아지며, 이는 제품의 안정성과 신뢰성에 부정적인 영향을 미칩니다.

품질은 제품이 처음 나올 때의 특성과 기능을 의미하며, **신뢰성**은 제품이 일정 기간 동안 그 성능을 유지하는 능력을 말합니다. 품질이 높을수록 결함이 줄어들어 제품의 신뢰성이 증가하게 됩니다.

신뢰성 검사는 제품이 정해진 기간 동안 안정적으로 기능을 수행할 수 있는지 평가하는 과정입니다. 이 검사의 목적은 제품의 수명을 예측하는 것뿐만 아니라, 고객 만족도를 향상시키고 생산 비용을 절감하는 데 기여하는 것입니다. 검사를 통해 발견된 문제를 개선하면 제품의 불량률이 감소하게 되어 품질의 향상에도 기여합니다.

5.2 JEDEC 표준

JEDEC 표준의 배경과 필요성을 알아보겠습니다. 반도체 제조 회사들은 자체 제품의 신뢰성을 평가하고 그 결과를 고객에게 제공합니다. 그러나 서로 다른 회사 간에는 다양한 평가 기준을 사용하는 경우가 많아서 이로 인해 불필요한 조정과정이 발생할 수 있습니다. 이를 해결하기 위해 업계에서는 JEDEC 표준이라는 공통된 기준이 도입되었습니다.

JEDEC는 Joint Electron Device Engineering Council의 약자로, 1958년에 설립된 미국전자공업협회, 즉 EIA의 부속 기구입니다. JEDEC의 주요 역할은 제조업체와 사용자 단체가 공동으로 집적 회로와 다른 전자 장치의 규격을 심의하고 설정하는 것입니다. JEDEC 표준은 이러한 공동의 노력을 통해 생겨난 것으로, 이를 통해 다양한 기업들이 통일된 표준에 따라 제품을 개발하고 생산할 수 있습니다.

JEDEC의 조직 구조를 자세히 알아보면, BoD(Board of Directors)는 JEDEC의 전체적인 정책과 절차를 결정하는 핵심 부서로, 표준의 최종 승인을 담당합니다. 이와 함께 여러 위원회(JEDEC Committees, JC)가 각각의 전문 분야에 따라 표준을 정의하는 역할을 합니다. 예를 들어, JC14는 신뢰성 관련 표준, JC11은 모듈 및 반도체 패키지 외관 관련 표준, JC42는 D램 단품 관련 표준, 그리고 JC63은 모바일 MCP 관련 표준을 담당하고 있습니다.

이러한 위원회에는 해당 분야의 전문 회사들이 구성원으로 참여하게 되며, 표준안의 제안 절차는 여러 단계를 거칩니다. 먼저, 회사에서 제안을 하면 이 제안은 위원회 회원들과 공유되어 투표 과정을 거쳐 적용 여부가 결정됩니다. 이때 투표 규칙은 회사의 규모와 상관없이 한 회사당 한 표의 권리를 갖게 됩니다.

마지막으로, 위원회에서 통과된 제안은 BoD의 투표를 거쳐 최종 결정이 이루어집니다. 통과된 제안은 공식적인 JEDEC 표준으로 공지되며, 이를 통해 업계 내에서 통일된 기준을 채택하게 됩니다. JEDEC 표준은 공정성과 투명성을 유지하며, 다양한 기업 간의 협력과 효율성을 증진시킵니다.

JEDEC

그림 5-1 JEDEC 협회 로고

5.3 신뢰성 시험

[1] 수명 신뢰성 시험

수명 신뢰성 검사는 반도체 제품의 품질과 성능을 보장하기 위한 핵심적인 과정 중 하나입니다. 이 과정에서 주요하게 다루는 내용은 패키징이 다양한 환경과 스트레스 조건에서 얼마나 오랫동안 지속될 수 있는지를 평가합니다. 이는 제품이 얼마나 안정적으로 성능을 유지할 수 있는지에 대한 중요한 지표로 작용하며, 초기 불량이나 성능 감소 등을 사전에 예방하는 데 기여합니다.

① EFR(Early Failure Rate)

EFR은 초기 불량 수준을 평가하는 지표로, 제품이 시장에 출시되어 처음 사용될 때 어떠한 문제가 발생할 수 있는지를 확인합니다. 주로 1년을 기준으로 평가되지만 제품의 특성에 따라 다양한 기준이 적용될 수 있습니다. EFR 평가를 위해 **번인**(Burn-In) 과정이 사용되며, 이를 통해 초기 불량이 발생할 가능성이 있는 제품들을 선별합니다. 이 과정에서 TDBI(Test During Burn-In) 장비를 활용하며, 온도와 전압에 따른 가속 인자를 고려하여 평가 조건이 설정됩니다.

EFR은 단순한 불량 지표 이상의 가치를 지니며, 번인 공정의 효율성과 선별 능력을 모니터링하는 도구로 활용됩니다. 특히 번인 공정의 안정성을 통해 제조 라인의 변동 및 이상을 실시간으로 모니터링하는 데 큰 도움을 줍니다.

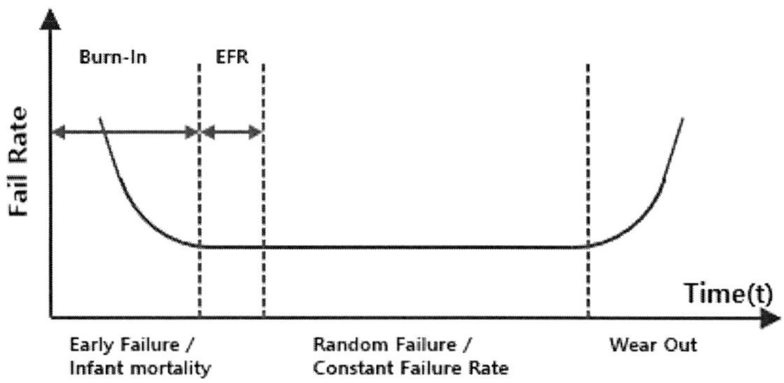

그림 5-2 EFR 보증 구간

② HTOL(High-Temperature Operating Life)

HTOL은 제품의 수명을 평가하는 핵심적인 테스트로, 제품이 얼마나 오래 효과적으로 작동할 수 있는지를 평가합니다. 이 테스트에서는 제품이 실제 운용 환경에서 온도와 전압 스트레스를 받으면서 발생하는 문제를 살펴봅니다. HTOL은 초기 고장부터 우발적인 고장, 그리고 마모로 인한 고장까지 전반적인 고장 영역을 검증할 수 있는 특징을 가지고 있습니다.

HTOL 테스트는 주로 125℃의 온도에서 진행되며, 온도와 전압의 가속 인자를 고려하여 제품의 반응을 평가합니다. 이 테스트를 통해 제품의 전체 생명주기 동안 발생할 수 있는 다양한 문제에 대한 포괄적인 이해를 얻을 수 있습니다.

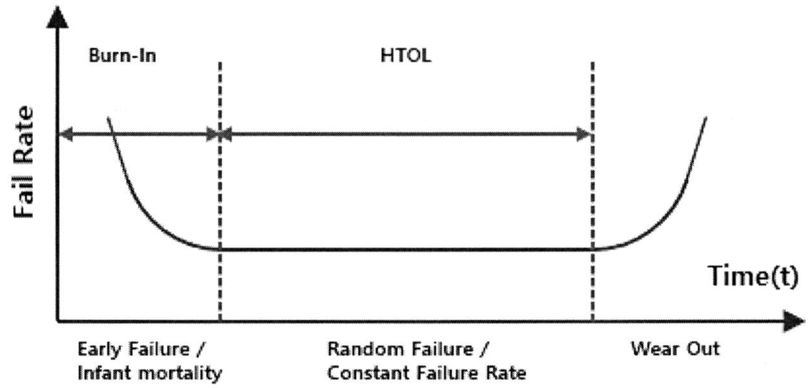

그림 5-3 HTOL 보증 구간

③ LTOL(Low-Temperature Operating Life)

LTOL은 저온 방치 환경에서 제품의 신뢰성을 평가하는 항목으로, 특히 제품의 데이터 시트에서 규정하는 비가동 온도구간의 보증 여부를 평가하는 데 중점을 둡니다. 이 테스트는 주로 -65 ~ 0℃의 온도 범위에서 시행되며, 제품이 극한 환경에서 얼마나 오래 지속될 수 있는지 확인합니다.

LTOL 테스트는 제품에 전압과 온도를 인가하여 저온에서 발생할 수 있는 불량이나 성능 저하 등을 평가합니다. 특히, 제품의 데이터 시트에서 명시한 비가동 온도 범위에서의 성능을 보장하기 위한 중요한 단계로 작용합니다.

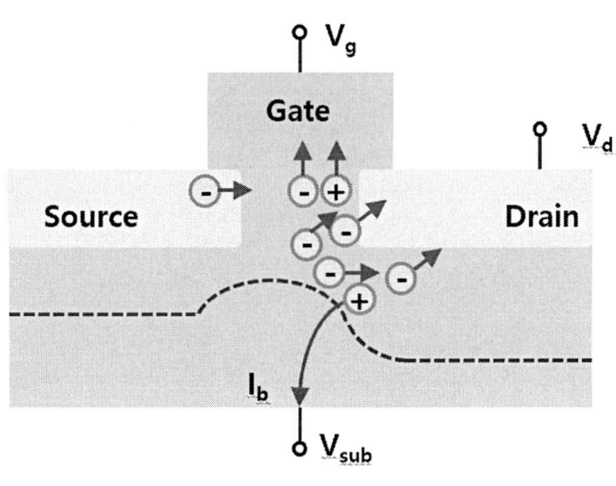

그림 5-4 HTOL 보증 구간

④ HTSL(High-Temperature Storage Life)

고온 방치 신뢰성 검사(HTSL; High-Temperature Storage Life)는 제품이 고온 환경에서 얼마나 오래 지속될 수 있는지 평가하는 중요한 항목입니다. 이는 제품의 내구성 및 안정성을 보장하기 위해 필수적인 단계로 자리잡고 있습니다. HTSL에서 고려되는 주요 요인은 확산, 산화, 금속 간 성장, 그리고 패키지 물질의 화학적 열화입니다.

열 스트레스로 인해 물리적 피로 현상이 증가하면서, 제품이 고온에서 방치될 때 이러한 현상이 가속화될 수 있습니다. 특히, 와이어 본딩 과정에서 금속간 화합물의 접착력 문제나 키르켄달 보이드(Kirkendall void)와 같은 결함이 발생할 수 있습니다. HTSL의 온도 조건은 일반적으로 55 ~ 200℃ 내에서 시험을 진행하며, 주로 150℃ 또는 175℃를 적용합니다.

HTSL을 수행할 때 고려해야 할 중요한 사항들은 여러 가지가 있습니다. 재료의 녹는점, 패키지를 구성하는 Tg 및 온도 안정성, 패키지의 흡습 정도, 그리고 실리콘의 온도 한계 등이 그 중 일부입니다. 이러한 요소들은 제품이 극한 온도 환경에서도 안정적으로 작동할 수 있도록 보장하는 데 결정적인 역할을 합니다.

⑤ LTSL(Low-Temperature Storage Life)

저온 방치 신뢰성 검사(Low-Temperature Storage Life, LTSL)는 제품의 신뢰성을 저온 환경에서 평가하는 항목으로, 특히 비가동 온도구간의 보증 여부를 규정하는 데 중점을 둡니다. LTSL은 제품의 데이터 시트에서 명시된 온도 구간에 대한 성능을 확인하여 소비자에게 안정적이고 신뢰성 있는 제품을 제공하는 데 기여합니다.

일반적으로 LTSL에서는 -65 ~ 0℃ 내에서 시험을 진행하며, 주로 -55℃ 또는 -65℃를 사용합니다. 이는 극한 추위 환경에서도 제품이 안정적으로 작동할 수 있는지를 확인하는 데 중점을 둡니다. LTSL은 제품의 내구성과 신뢰성을 평가하는 데 중요한 역할을 하며, 특히 극한 온도 조건에서의 성능은 제품의 품질에 큰 영향을 미칩니다.

그림 5-5 Temperature Store Test 장비

⑥ 내구성 테스트(Endurance)

내구성 테스트는 반도체 메모리 제품의 쓰기 및 지우기 동작에 대한 주기적 한계 특성을 평가합니다. 이를 통해 제품이 얼마나 많은 쓰기 및 지우기 동작을 견딜 수 있는지에 대한 평가를 진행합니다.

⑦ 데이터 보존 테스트(Data Retention)

데이터 보존 테스트는 저장된 정보가 얼마나 오랜 시간동안 유지되는지를 평가하는 항목으로, 제품의 메모리 셀 내의 정보가 전원 공급 없이도 얼마나 오래 유지되는지를 중점적으로 살펴봅니다. JEDEC와 AEC 등에서는 HTSL과 LTOL을 사용하여 이러한 테스트를 시행하는데, 각각의 규격에 따라 약간의 차이가 있을 수 있습니다.

[2] 환경 신뢰성 시험

환경 신뢰성 시험은 반도체 제품이 다양한 환경 조건에서 얼마나 견고하게 작동하는지 평가하는 중요한 시험 과정입니다. 이를 통해 제품이 고객이나 최종 사용자의 손에 전해지기 전에 어떠한 환경적 스트레스나 조건에서도 안정적으로 성능을 유지할 수 있는지 확인합니다.

① 프리컨디셔닝(Preconditioning)

프리컨디셔닝은 환경 신뢰성 시험 중 하나로, 제품이 출하, 이동, 보관 후에 고객의 생산 과정에서 경험할 수 있는 환경적 스트레스를 모사하여 신뢰성을 평가하는 과정입니다. 특히, 흡습과 열적 스트레스로 인한 신뢰성 문제를 사전에 예방하기 위한 목적으로 사용됩니다.

프리컨디셔닝은 여러 평가 단계를 거칩니다. 먼저, Thermal Cycling(TC) 단계에서 제품이 운송 중에 발생할 수 있는 온도 변화를 시뮬레이션하며 -40 ~ 60℃ 범위에서 5회의 온도 변화를 주입합니다. 이어서 **건조**(Bake) 단계에서는 125℃에서 24시간 동안 탈습을 진행하고, 침지(Soak) 단계에서는 특정 습도와 온도에서 일정 시간 동안 노출하여 흡습량을 규정된 수준으로 유지합니다. 마지막으로 **리플로우**(Reflow) 단계에서는 솔더링 과정을 시뮬레이션하여 제품의 안정성을 평가합니다.

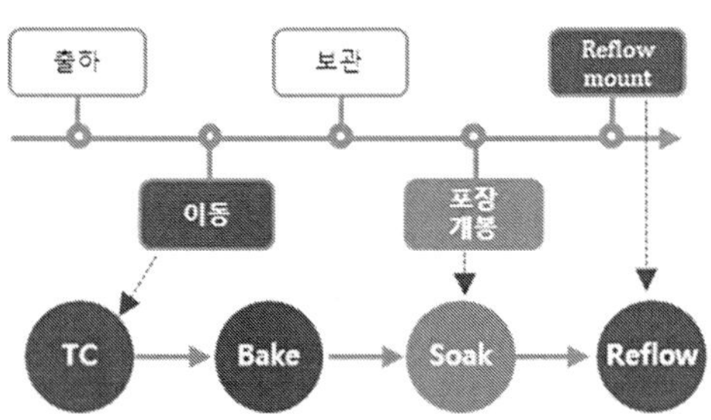

그림 5-6 프리컨디셔닝 테스트 순서

② TC(Temperature Cycling)

TC는 주로 순간적인 온도 변화에 따른 제품의 내성을 평가하는 시험 항목입니다. 이는 제품이 갑작스러운 온도 변화에 얼마나 잘 대응하는지, 장기간 사용 중에 발생할 수 있는 열적 스트레스에 얼마나 강인한지 평가하는 것입니다.

TC 시험에서는 다양한 재료로 구성된 패키지와 모듈의 스트레스 내성을 측정하며, 각 재료의 열팽창 계수인 CTE(Coefficient of Thermal Expansion)의 차이로 발생하는 스트레스 피로를 평가합니다. 또한 장기간의 열 충격으로 인한 불량 검증과 솔더 접합부의 신뢰성 평가 등이 TC 시험에서 수행됩니다.

제품의 검증은 다양한 온도 조건에서 이루어지며, 각 제품이나 부품이 겪을 수 있는 다양한 환경에서의 안정성과 성능을 보장하기 위한 과정입니다. TSOP, BGA, LGA, 모듈 등 각 제품 유형은 다른 온도 범위에서 평가되며, 이는 제품의 사용 환경에 따라 다르게 적용됩니다.

TSOP는 극한의 낮은 온도와 높은 온도에서의 성능을 평가하기 위해 -65℃에서 150℃ 범위에서 평가되고, BGA와 LGA는 -55℃에서 125℃ 범위에서 주로 검증됩니다. 모듈은 주로 실내에서 사용되므로 0℃에서 125℃ 범위로 검증됩니다.

검증은 단순한 한 번의 과정이 아니며, 일반적으로 30분 동안 1cycle이 진행되어 제품이 온도 변화에 빠르게 적응하고 그 과정에서 발생하는 문제점을 철저히 관찰합니다.

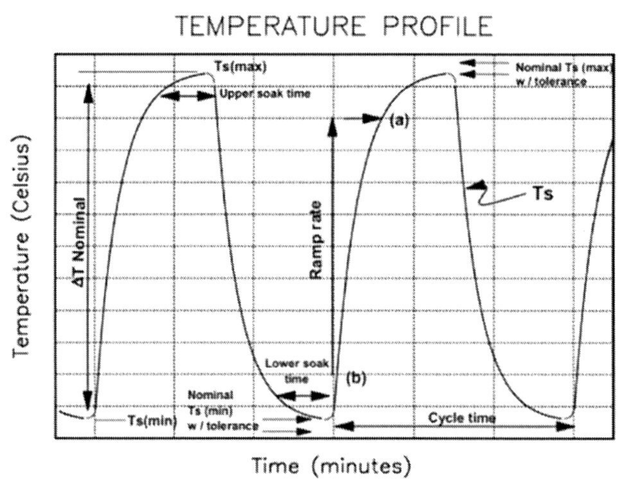

그림 5-7 TC 온도 프로파일

JEDEC JESD22-A104 Specs : Temperature Cycle Test
- Total Transfer Time <= 1 minute
- Total Dwell Time >= 10 minutes
- Specified Temp reached in <= 15 minutes
- Recommended for lot acceptance screen : 10 cycles
- Recommended for qualification : 1000 cycles

JEDEC JESD22-A104 Specs Temp Cycle Test Conditions

Condition	Low Temp	High Temp
A	-55 (+0/-10) deg C	85 (+10,-0) deg C
B	-55 (+0/-10) deg C	125 (+10,-0) deg C
C	-65 (+0/-10) deg C	150 (+10,-0) deg C
D	-65 (+0/-10) deg C	200 (+10,-0) deg C
F	-65 (+0/-10) deg C	175 (+10,-0) deg C
G	-40 (+0/-10) deg C	125 (+10,-0) deg C
H	-55 (+0/-10) deg C	150 (+10,-0) deg C

그림 5-8 TC 온도 JEDEC 스펙

③ THS(Temperature Humidity Storage)

THS 테스트는 제품이 고온 및 고습 조건에서 얼마나 잘 견디는지를 평가합니다. 이는 다양한 환경에서 사용되는 반도체 제품이므로, 제품의 안정성을 평가하기 위해 극한의 환경에서도 성능과 품질이 유지되어야 합니다. 방습 포장이 개봉된 후 흡습량을 측정하고, 실제 사용 환경을 최대한 반영하며 평가 조건은 온도 50100℃, 습도 4095%RH 범위입니다.

④ THB(Temperature Humidity Bias)

THB 테스트는 전기적 바이어스를 가한 상태에서 제품이 습도에 내성이 있는지를 평가하는 것입니다. 온도 85℃, 습도 85%RH에서 데이터시트에 명시된 최대 전압을 인가하여 제품의 성능과 안정성을 평가합니다.

⑤ PCT(Pressure Cooker Test)

PCT는 습기에 의한 내성을 더 일찍 평가하기 위한 특별한 시험 방법으로, 제품을 압력솥과 같은 환경에서 놓고 얼마나 견디는지 확인합니다. 리드프레임 타입 패키지에는 PCT 평가가 적용되지만, 서브스트레이트 타입 패키지에는 UHAST로 스트레스 크기를 줄여 평가됩니다.

그림 5-9 PCT 장비

⑥ uHAST

uHAST는 서브스트레이트 타입의 얇은 패키지에 PCT와 유사한 스트레스를 가해 신뢰성을 평가하는 테스트로, 온도 110℃, 습도 85%RH, 압력 17.7pisa에서 진행됩니다.

⑦ HAST

HAST는 습기 환경에서 동작하는 밀폐되지 않은 패키지의 신뢰성을 평가하기 위한 것으로, 온도 130℃, 습도 85%RH, 압력 33.3pisa, 제품 데이터시트에 명시된 최대 전압에서 진행됩니다.

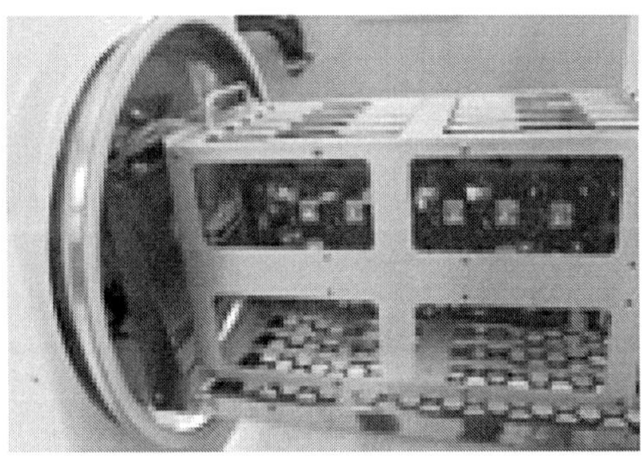

그림 5-10 HAST 챔버

[3] 기계적 신뢰성 검사

반도체 제품이나 다양한 환경 요소로 인해 받게 될 수 있는 스트레스에 대한 반응을 평가하는 기계적 신뢰성 검사는 제품의 설계 및 제조과정에서의 신뢰성을 평가하고 잠재적인 문제를 확인하는 핵심적인 단계입니다. 여기에서는 충격, 낙하, 진동, 구부림, 비틀림 시험에 대해 자세히 살펴보겠습니다.

① 충격(Shock) 검사

충격 검사는 제품이 외부 충격에 얼마나 견고한지를 평가하는 중요한 시험 중 하나입니다. 해머 충격 방법은 고정된 샘플에 해머를 사용하여 직접적인 충격을 가하는 방식으로, 최고 가속과 펄스 인가 시간이 주요 평가 지표입니다. 이러한 시험을 통해 제품이 일상적인 충격 상황에서 어떻게 반응하는지를 신뢰성 있게 확인할 수 있습니다.

② 낙하(Drop) 시험

낙하 시험은 제품을 일정 높이에서 떨어뜨려 자유 낙하로 인한 충격을 평가하는 방법입니다. 이는 일상적인 사용 중에 제품이 떨어지는 상황에서의 내성을 확인하기 위한 중요한 시험입니다. 보통 1~1.2m 높이에서의 낙하가 기준이 되며, 제품이 얼마나 견딜 수 있는지를 신뢰성 있게 평가합니다.

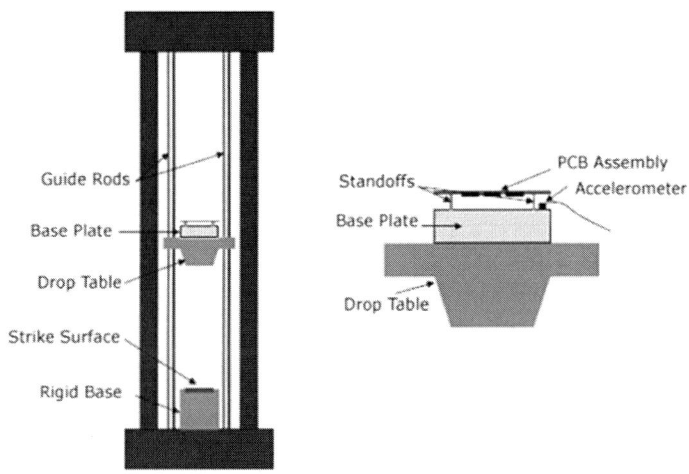

그림 5-11 낙하시험 개념도

③ 진동(Vibration) 검사

진동 검사는 제품이 운송 중에 발생할 수 있는 진동에 얼마나 잘 견디는지를 평가하는 방법입니다. 사인 진동 시험은 JEDEC 기준을 따르며, 제품의 고유 진동수와 시험 주파수가 일치할 때 발생하는 공진에 대한 효과를 평가합니다. 검증 조건은 규정된 조건 및 시간 동안 진동 스트레스를 인가하여 제품의 내성을 평가하며, 주로 20Hz에서 2,000Hz까지의 진동수 범위에서 실시됩니다.

그림 5-12 진동 검사 개념도

④ 구부림(Bending) 시험

구부림 시험은 PCB의 휨 또는 구부러짐에 따른 솔더 접합부의 결손을 평가하는 중요한 시험입니다. 주로 3점 구부림 시험과 4점 구부림 시험이 사용되며, 최고 가속도로 500G에서 1500G까지를 0.5ms에서 11.0ms 동안 인가하여 제품의 내성을 평가합니다. 이는 설치, 수송 또는 사용 과정에서 발생할 수 있는 휨 불량에 대한 강인성을 확인하는 데 중요한 역할을 합니다.

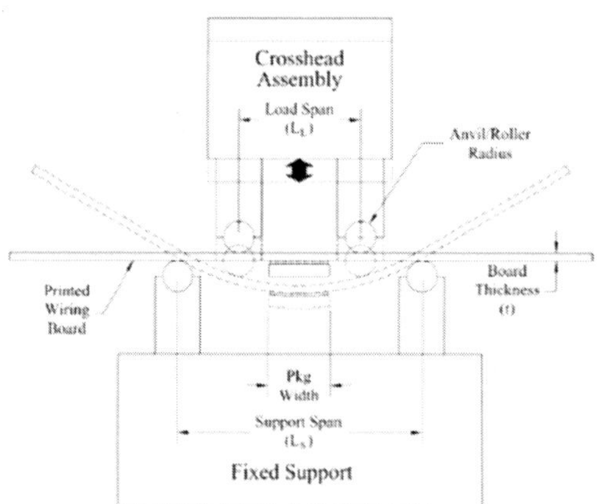

그림 5-13 구부림 시험 개념도

⑤ 비틀림(Torsion) 시험

비틀림 시험은 PCB의 솔더 접합부 또는 전체 제품에 발생하는 휨 불량을 평가하는 시험입니다. 이는 트위스트 또는 토크 시험으로도 불리며, PCB의 길이에 따라 비틀림 각도가 달라질 수 있습니다. 검증 조건은 PCB의 길이에 따라 인치당 1.8°로 설정되는 등, PCB의 비틀림에 대한 각의 크기와 이에 따른 주기 등을 고려합니다.

6

검사와 측정

6.1 검사

[1] X-선 검사

와이어 및 금속 배선 결함 검사를 위한 장비는 X선을 활용하여 투과가 어려운 금속들의 2차원 투사 이미지를 생성하여 금속 연결부의 단선 및 단락을 분석하는 데 사용됩니다.

이 장비는 가열된 필라멘트에서 발생한 전자를 고전압으로 가속화하고, 가속화된 전자를 마그네틱 렌즈를 통과시켜 2~5um의 초점으로 금속 타깃에 충돌시킵니다. 금속에 충돌한 전자빔은 99%의 열과 1%의 X-선으로 변환되는데, 이 X선을 패키지에 측정하여 금속 부분의 손상 여부를 조사합니다.

X선 측정의 장점은 간편한 측정과 샘플 손상이 없으며, 고배율 측정이 가능하다는 점입니다. 그러나 이미지가 모두 투과되어 나타나므로 공간적인 정보를 파악하기 어렵다는 단점이 있습니다. 또한 방사선은 인체에 유해하므로 사용 시 주의가 필요하며, 낮은 원자번호의 재료는 X-선의 투과율이 높아 이미지 검출이 어려울 수 있습니다.

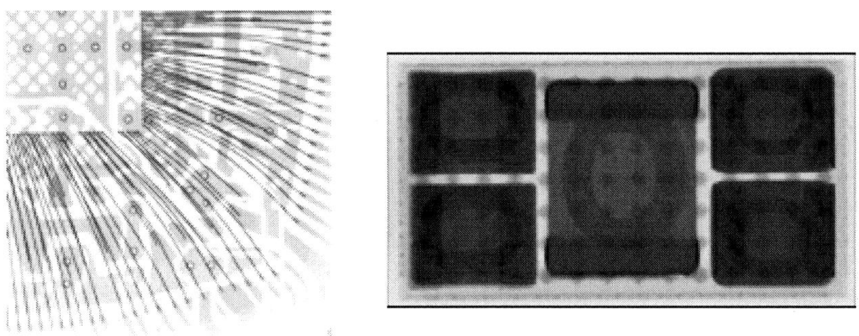

와이어 (Wire Bonding) **표면 실장 (SMT)**

그림 6-1 X-ray 검사 이미지

[2] 자동 외관 검사(AVI; Auto Visual Inspection)

AVI(Automated Visual Inspection) 장비는 공정 진행 후 웨이퍼나 패키지 상에 존재하는 결함이나 이물을 감지하기 위한 장비입니다. 이 장비는 작업자들이 현미경이나 눈으로 검사하던 프로세스를 자동화하여 정확도와 정밀도를 향상시킵니다. 반사나 산란된 칩을 촬영하여 그 값을 수치화하고, 특정한 알고리즘을 사용하여 결함을 검출합니다.

이 방법은 원래 NASA에서 인공위성 시스템에서 사용된 원리를 반도체 산업에 적용한 것입니다. NASA에서는 이미지의 과적과 현재 이미지를 겹쳐서 변경된 부분을 관찰하는 원리를 사용했습니다. AVI 장비는 두 개의 이미지를 일정한 단위로 비교하여 명암의 차이가 발생하는 부분을 검출하는 개념입니다. 이때 몇 개의 칩을 기준 칩(Reference chip)으로 선택하고, 이 칩의 패턴을 검사하고자 하는 칩의 패턴과 비교하여 결함을 찾아냅니다.

AVI 장비로 검출된 불량은 차이가 있는 모든 것을 찾아내기 때문에 불량이 아닌 것도 불량으로 잘못 인식할 수 있습니다. 이를 방지하기 위해 외관 검사자들이 불량으로 검출된 이미지를 다시 검토하여 진짜 불량인지 확인합니다. 최근에는 머신러닝을 활용하여 작업자가 아닌 장비에서 결함 검출이 이루어지는 방법이 개발되고 있습니다. 이는 인공지능 기술을 활용하여 더욱 효율적이고 정확한 결함 검사를 가능케 합니다.

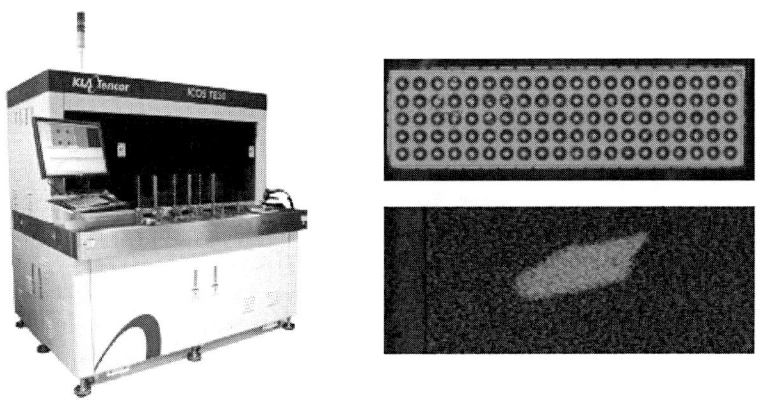

그림 6-2 자동외관 검사 장비와 검사 이미지

[3] 초음파 탐사 영상 장비(SAT; Scanning Acoustic Tomography)

SAT(Scanning Acoustic Tomography)는 투과성이 뛰어난 초음파를 활용하여 물체의 내부 구조를 탐사하는 기술로, 해당 물체 내의 소재 불균일성이나 결함을 검출하는 데 사용됩니다. 초음파는 공기와의 경계면에서 반사되거나 접촉 매질이 필요하며, 그렇지 않은 경우에는 산란되는 특성을 가지고 있습니다.

투과성이 우수한 초음파가 공기층을 만나면 100% 반사되는 특성을 가지며, 이는 SAT에서 주로 사용되는 초음파의 특징 중 하나입니다. 접촉 매질이 없는 경우에는 산란이 발생하게 되어 이미지의 품질을 저하시키는 요인으로 작용합니다.

정상파와 불량파의 차이는 굴절률에 기인합니다. 정상파는 굴절률이 작은 매질에서 큰 매질로 통과할 때 계면에서 반사형을 나타냅니다. 반면에 불량파는 굴절률이 큰 매질에서 작은 매질로 통과할 때 계면에서의 반사형을 나타내게 됩니다. 이러한 특징은 굴절률이 아주 작은 공기층과의 경계에서 발생하며, 결함이나 소재 불균일성으로 인해 굴절률의 큰 변화가 발생하는 지점에서 불량파가 생성되는 것입니다.

SAT는 이러한 원리를 기반으로 하여 높은 정확도로 물체 내부의 소재 변화나 결함을 탐지할 수 있는데, 초음파의 특성을 통해 이미지를 생성함으로써 반도체 산업뿐만 아니라 다양한 산업 분야에서 물체의 비파괴적인 검사 및 진단에 활용되고 있습니다.

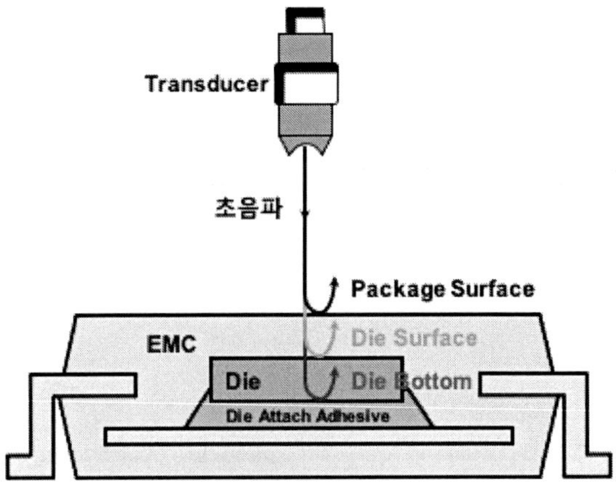

그림 6-3 초음파 영상 장비 모식도

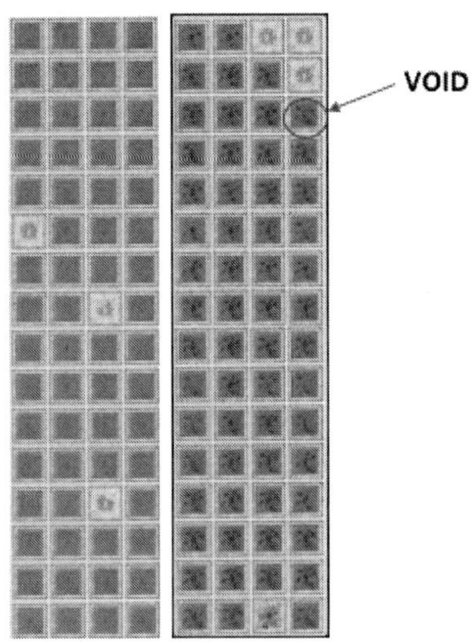

그림 6-4 초음파 영상 이미지

6.2 측정

측정은 물리적인 양을 평가하고, 그와 관련된 다양한 기술을 포함하는 중요한 과정으로 간주됩니다. 이는 일상생활에서의 길이, 질량, 부피 등과 더불어 기본적인 물리량인 전기적, 열적, 양과 기타의 물리량에 대한 측정을 의미합니다. 특히 반도체 산업에서는 공정의 품질을 파악하기 위해 주기적으로 다양한 중요한 결과물들을 측정함으로써 불량을 미리 감지하고 효과적으로 대응할 수 있도록 하는 것이 중요합니다.

측정의 신뢰성은 매우 중요한 요소이며, 이를 높이기 위해서는 측정 또는 계측의 정확도와 정밀도를 고려해야 합니다. 정확도는 측정 결과가 실제 값에 얼마나 가까운지 나타내는 척도로, 치우침을 평가하는 것입니다. 정밀도는 반복해서 측정했을 때 얼마나 일관된 결과를 얻는지를 나타내는 척도로, 측정값들 간의 일치 정도를 측정합니다.

계측기의 성능은 계측기의 성능을 향상시켜주며, 주기적인 장비 보정을 통해 관리할 수 있습니다. 측정에 대한 변동은 측정 시점, 측정자에 따라 영향을 받을 수 있는데, 이러한 변동을 보정하기 위해 **게이지 R&R**(Repeatability and Reproducibility)이라는 방법을 사용합니다. 게이지 R&R은 전체 측정 결과의 산포에서 측정 시스템이 차지하는 산포의 크기를 파악하기 위한 방법으로, 측정 시스템의 정확성과 일관성을 평가합니다.

게이지 R&R은 측정의 반복성과 재현성을 나타냅니다. **반복성**은 동일한 측정물을 동일한 기기나 동일한 사람이 연속적으로 측정할 때 나타나는 반복 측정의 산포를 의미하며, **재현성**은 동일한 측정물을 다른 기기나 다른 사람이 측정할 때 발생하는 측정값의 평균 산포를 나타냅니다. 패키지 산업에서는 측정 장비를 통해 두께, 조성, 휨, 감도 등을 측정하며, 이러한 측정 시스템의 신뢰성을 높이기 위해 주기적인 장비 보정과 게이지 R&R 평가를 실시하여 측정 시스템의 정확도와 일관성을 보장합니다.

[1] 두께 측정

① 4 포인트 프로브(4 Point Probe)

4 포인트 프로브는 금속층의 면저항(Sheet Resistance, Rs)을 측정하여 해당 금속층의 두께를 간접적으로 평가하는 효과적인 방법 중 하나입니다. 이 방법은 프로브 팁이나 핀의 배열에 따라 크게 선형배열과 사각배열 두 가지로 나뉘며, 통상적으로 프로브 팁의 간격은 약 0.6mm 정도로 설정됩니다.

4 포인트 프로브 측정 방법은 두 개의 핀에서 금속층의 저항값을 측정합니다. 이때 선형배열이나 사각배열의 핀들은 정확한 간격으로 배열되어 있어 정밀한 측정이 가능하도록 설계되어 있습니다. 측정된 저항값은 기술 시료의 저항값과 비교되어 원하는 금속층의 두께를 간접적으로 측정하는 데 사용됩니다.

프로브의 두 핀 사이에서 전기가 흐르고, 이때 발생하는 저항을 측정하여 금속층의 특성을 파악합니다. 측정된 저항값은 금속층의 두께에 비례하게 되므로, 이를 통해 두께의 변화를 추정할 수 있습니다. 이러한 측정 방법은 비파괴적이면서도 정확하게 두께를 평가할 수 있어 반도체 제조 및 다양한 산업 분야에서 품질 통제 및 공정 최적화에 활용되고 있습니다.

그림 6-5 4 포인트 프로브 장비

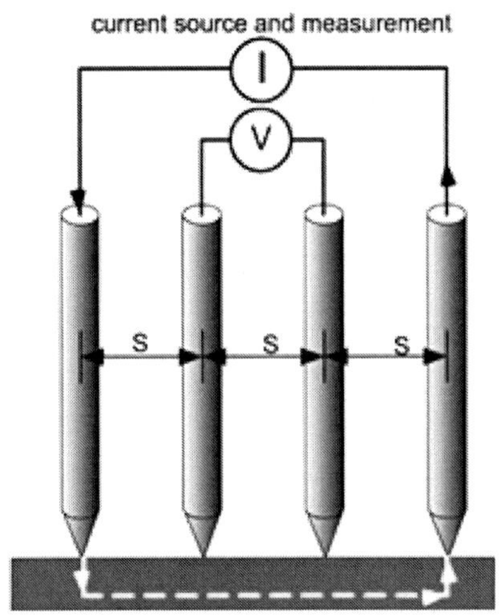

그림 6-6 4 포인트 프로브 측정 방법

② 간섭계(Interferometer)

간섭계는 빛의 경로 차로 발생하는 간섭 현상을 활용하여 길이 등을 측정하는 장치로, 주로 패키지에서는 박막의 두께나 범프의 높이를 정밀하게 측정하는 데 사용됩니다.

간섭계의 작동 원리는 임의의 기준점에서 출발한 광이 각기 다른 광학 경로를 이동한 후 합쳐질 때, 두 광의 경로차에 따라 물리적 현상이 빛의 밝고 어두운 형태로 표현되는 간섭 현상을 기반으로 합니다. 백색광 주사 간섭계에서는 각 화소에서 발생하는 간섭 신호를 이용하여 측정을 수행합니다. 프로브 시스템이 광축 방향으로 수십 나노미터의 미세 간격으로 이동하면서 영상 내의 모든 화소에서 간섭 신호를 확인하며, 이를 통해 삼차원 형상을 산출합니다.

간섭 신호는 높이가 변하는 지점에서 커지는데, 각 화소의 간섭 신호를 분석하여 그 차이를 이용하여 높이 차를 측정합니다. 패키지에서는 주로 범프의 높이를 측정하는 데에 활용되며,

박막의 두께를 측정할 때는 박막이 있는 지점과 없는 지점의 높이 차이를 계산하여 박막의 두께를 정밀하게 측정합니다.

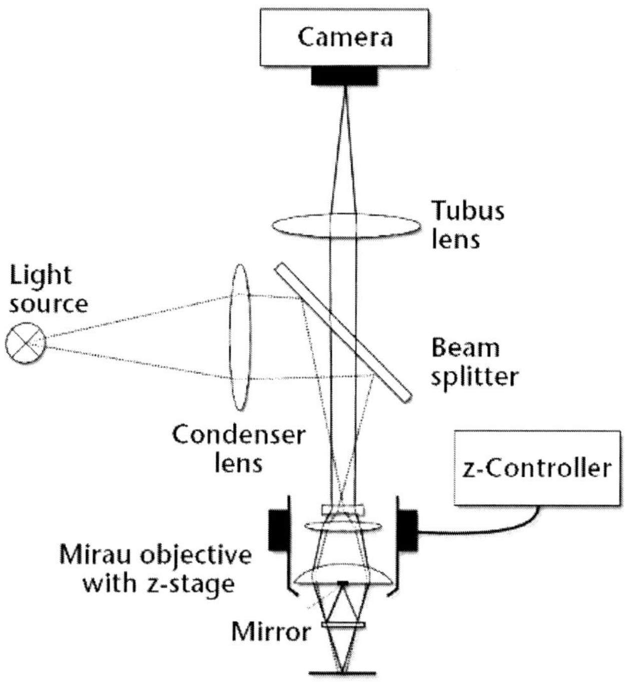

그림 6-7 간섭계를 이용한 높이 측정 모식도

③ 엘립소메트리(Ellipsometry)

엘립소메트리는 빛이 반사 또는 투과한 후 편광 상태의 변화를 측정하여, 반사된 빛의 특성을 통해 물질의 광학적 성질과 층의 두께 등을 정밀하게 파악하는 과학적인 방법입니다. 물체 표면에 빛이 반사되면, 해당 물체의 광학적 특성과 층의 두께 등이 반사된 빛의 편광 상태에 영향을 미치게 됩니다.

엘립소메트리는 반도체 산업을 포함한 다양한 분야에서 널리 사용되며, 일반적으로 수 옴스트롱(Å)에서 수 마이크로(μm)까지의 단일 층 또는 다층의 박막 측정에 주로 활용됩니다. 이 기술은 높은 정밀도로 두께 및 굴절률 등을 측정할 수 있어, 반도체 및 다양한 산업 분야에서 물질의 특성 평가 및 제조 프로세스 최적화에 중요한 역할을 하고 있습니다.

엘립소메트리의 기본식은 Δ(델타), Ψ(프사이), Rp(Reflectance P), Rs(Reflectance S) 사이의 관계로 이루어져 있습니다. 여기서 Δ(델타)는 입사된 빛의 P파와 S파, 그리고 반사된 P파와 S파 사이의 위상차의 변화를 나타내며, Tan(Ψ(프사이))는 반사된 P파와 S파의 크기 변화율을 의미합니다. Ψ(프사이)는 반사에 의한 진폭 변화를 나타냅니다.

이러한 엘립소메트리의 측정 결과를 통해 두께 및 굴절률 등의 물리적 특성을 정량적으로 얻을 수 있으며, 이는 물체의 표면 특성, 박막의 두께 변화, 광학적 특성 등을 연구하고 제어하는 데에 큰 도움을 줍니다.

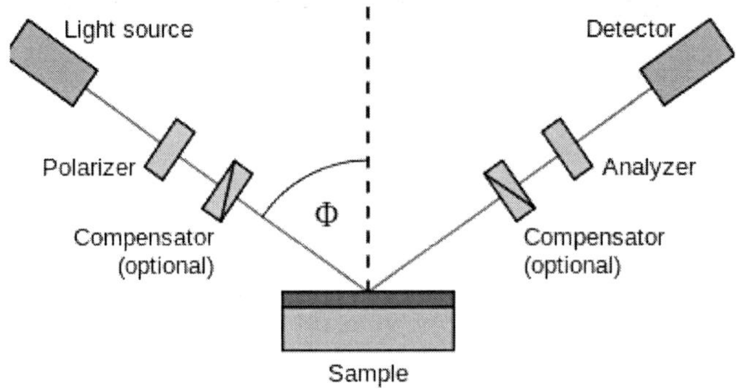

그림 6-8 엘립소메트리 측정 모식도

그림 6-9 엘립소메트리 장비

[2] 조성 측정 - XRF

형광은 빛을 흡수한 물질 내의 전자가 들뜬 상태로 되었다가 다시 바박 상태로 돌아가면서 내는 빛을 말합니다. **XRF**는 X-Ray Fluorescence의 약자로, 1차 X선을 조사 대상에 조사하여 발생하는 2차 X선을 통해 해당 대상의 원소와 조성을 분석하는 방법입니다.

WD(Wavelength Dispersive) XRF는 원소별 파장을 검출하여 분석하는 방법이며, **ED**(Energy Dispersive) XRF는 원소가 가지고 있는 에너지를 검출하여 분석하는 방법입니다. 이때 형광되는 X선의 세기는 해당 물질의 원소 함량에 비례하므로 조성에 대한 정량 분석이 가능하며 솔더의 범프 조성을 분석하는 데 활용됩니다.

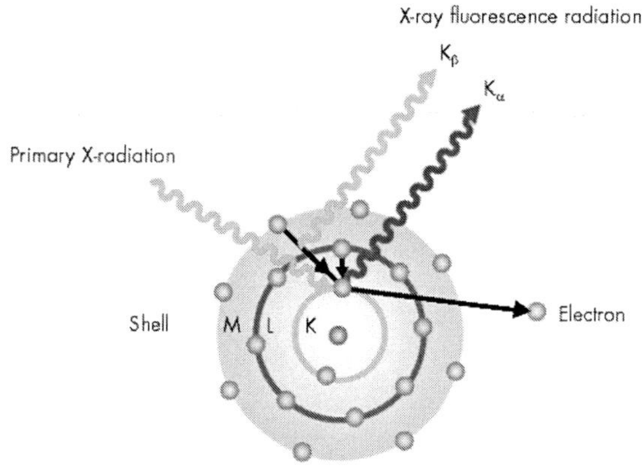

그림 6-10 XRF 원리

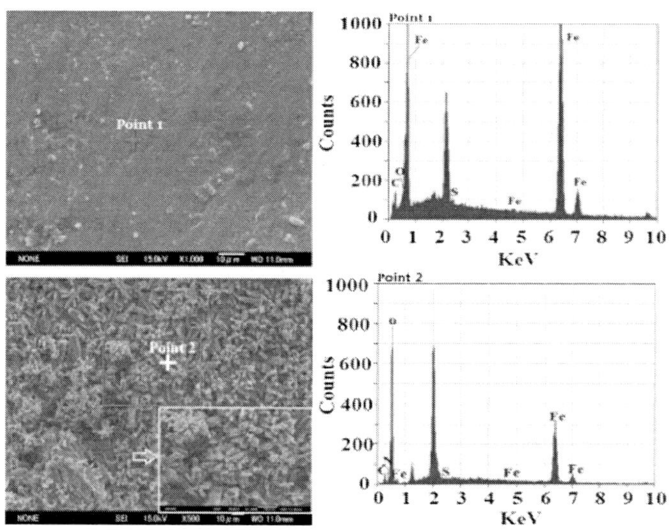

그림 6-11 ED-XRF 측정

[3] 휨(Warpage) 측정

패키지에서 휨은 주로 패키지를 구성하는 재료 간의 열팽창 계수(CTE) 차이에 의해서 발생하는데, 이러한 휨은 패키지 구조에서 균열(Crack), 박리(Delamination) 등의 불량을 발생시킬 뿐만 아니라, 패키지 공정 중에 공정 진해를 위한 웨이퍼나 패키지의 고정을 어렵게 하거나 패키지가 PCB 기판에 실장될 때 솔더볼 일부가 PCB에 닿지 않아 접합부가 형성되지 않는 등 다양한 불량을 야기합니다.

휨은 쉐도우 모아레(Shadow Moire)와 프린지 프로젝션(Fringe Projection) 방법을 사용하여 측정 면에 빛을 쏘아서 기준면에서의 명암도 차이를 표현하여 이에 대한 높낮이 차이를 통해 휨 정도를 측정합니다. 공정 전후로 곡률반경이나 웨이퍼, 패키지 휨을 측정하여 그 차이를 관찰할 수 있습니다. 휨은 최대 RPD(Reference Plane Deviation)와 최소 RPD의 차이값으로 정의합니다.

여기에서 RPD는 기준선(Reference Plane)과 측정되는 대상의 표면의 편차를 의미합니다.

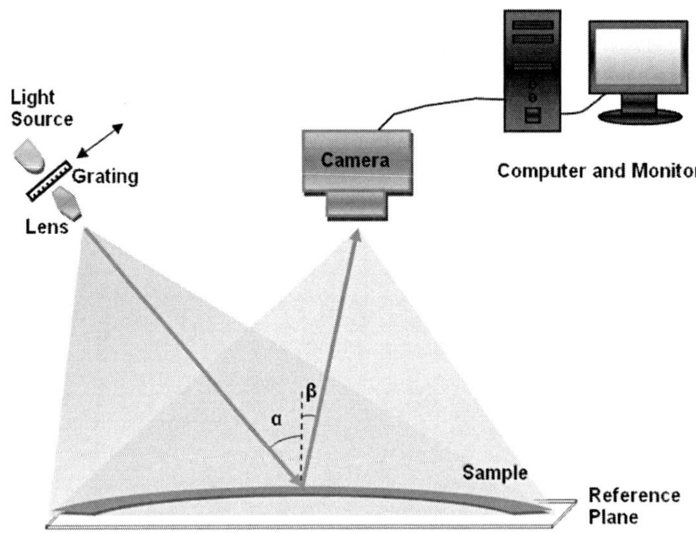

그림 6-11 휨 측정 모식도

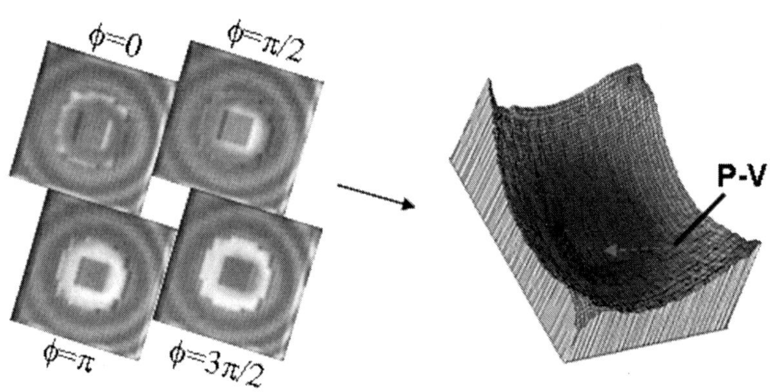

그림 6-12 프린지 패턴과 3D 플랫

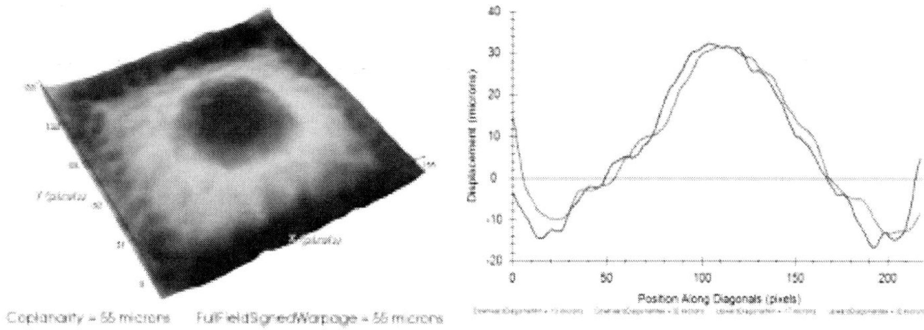

그림 6-13 휨 3D, 2D 플랫

[4] 강도 측정

패키지 구조에서는 다양한 종류의 접착제, 솔더볼, 그리고 와이어를 활용한 다양한 접합 방법이 존재하며, 이러한 접착 강도를 정확히 측정하여 제조 공정의 품질을 평가해야 합니다.

와이어 볼 전단 시험(Wire Ball Shear Test)은 와이어 본딩된 와이어 볼의 접착 강도를 확인하기 위해 와이어 볼을 옆에서 밀어서 발생하는 전달 강도를 측정합니다.

와이어 본드 인장 시험(Wire Bond Pull Test)은 와이어 본딩의 품질을 평가하기 위한 시험으로, 와이어 본딩된 와이어를 후크로 잡아 당겨서 와이어의 인장 강도를 측정합니다.

다이 인장 강도 시험(Die Shear Strength Test)은 접착된 칩을 옆에서 밀어서 떨어질 때 발생하는 칩의 전단 강도 값을 측정하여 칩의 접착력을 평가합니다.

솔더볼 전단 강도 시험(Solder Ball Shear Test)는 솔더볼 또는 솔더 범프의 강도를 측정하는 방법으로, 전단 도구를 사용하여 솔더볼을 밀어서 발생하는 전단 강도를 정량화합니다. 이러한 시험들은 제품의 신뢰성과 성능을 보장하기 위해 중요한 역할을 합니다.

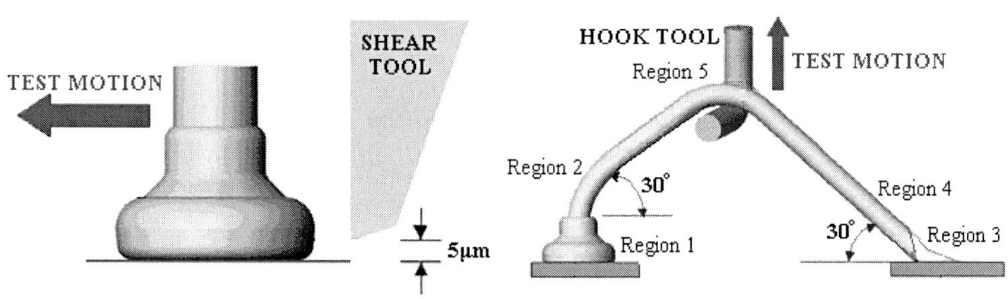

그림 6-14 와이어 볼 전단 및 와이어 인장 시험 모식도

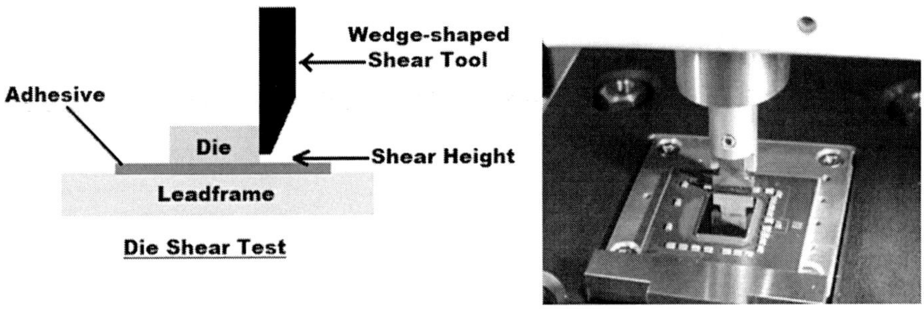

그림 6-15 다이 전단 시험 이미지

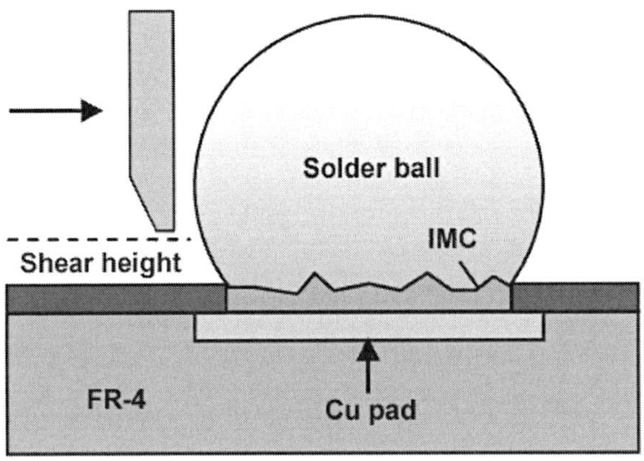

그림 6-16 솔더볼 전단 시험 모식도

[5] 접촉각(Contact Angle) 측정

일반적으로 접촉각 측정은 표면의 단원자층 변화를 정밀하게 측정할 수 있으며, 분석 방법이 비교적 간단합니다.

접촉각은 액체와 다른 물질이 서로 섞이지 않을 때 형성되는 경계면의 각을 나타내며, 특히 기체나 진공 상태에서 액체와 고체 간의 접촉각은 기체, 액체, 고체 간 표면 에너지의 열역학적 평형을 나타냅니다.

기체 분위기에서 고체 표면에 번져 있는 액체의 경우, 고체 표면의 물리적 및 화학적 성질이 균일할 때 접촉각은 어느 지점에서나 동일합니다. 이러한 접촉각 측정은 계면 연구뿐만 아니라 접착, 코팅, 고분자 분야, 박막 기술, 표면 처리 등에서 중요한 분석 기술로 활용됩니다.

접촉각의 측정 방법에는 접촉측작기에 의한 직접 측정, Tilting법, Neumann법, 모세관이용법, Wes Burn 방법 등 여러 종류가 있습니다.

반도체 패키지에서는 플라즈마 클리닝 후 반도체 기판 및 리드 프레임의 접촉각을 측정하여 플라즈마 클리닝의 효과를 검증하는 것이 흔히 이루어집니다.

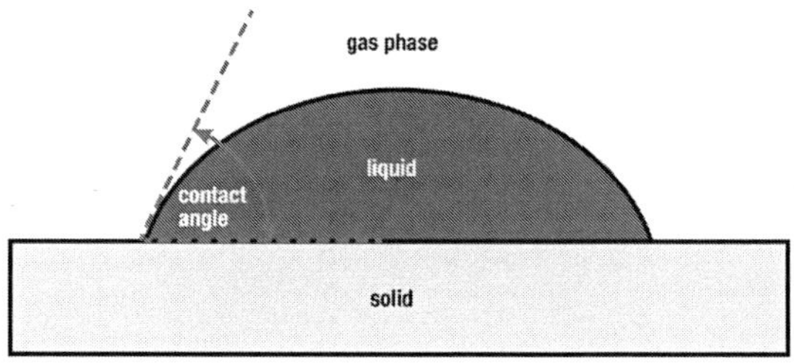

그림 6-17 접촉각 측정 모식도

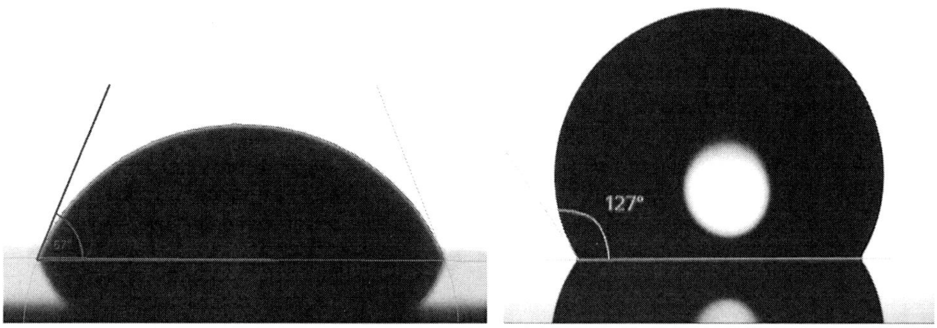

그림 6-18 접촉각 측정

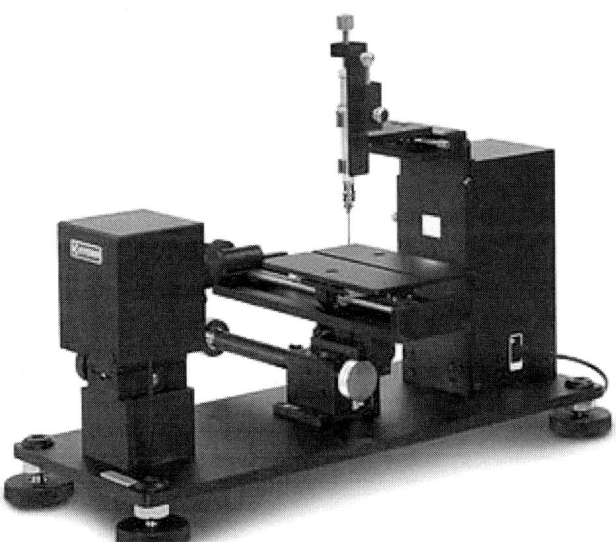

그림 6-19 접촉각 측정 장비

저자와의
협의에 의해
인지 생략

반도체 후공정 기초

2판 2쇄 2025년 4월 10일

저 자 허주회
발행인 송광헌
발행처 도서출판 복두(더)
주 소 서울특별시 영등포구 경인로82길 3-4
센터플러스 807호 (우) 07371
전 화 02-2164-2580
FAX 02-2164-2584
등 록 1993. 11. 22. 제 10-902 호

정가 : 10,000원
ISBN : 979-11-6675-475-3 93560

한국과학기술출판협회 회원사